確率のはなし

矢野健太郎

角川文庫
21426

一九六九年版まえがき

読者のみなさんは、わが国には学習指導要領というものがあるのをご存知でしょうか。小学校、中学校、高等学校の教科書は、この学習指導要領にもとづいて編集され、文部省の検定に合格したものだけが使われることになっています。いままでの学習指導要領によれば、本書の主題である確率は、高等学校の高学年になってようやく指導されることになっています。

しかし、ごく最近、小学校と中学校の学習指導要領は改正され、高等学校の学習指導要領も近く改正されようとしています。そして小学校の学習指導要領は昭和四十六年から、中学校のそれは昭和四十七年から実施されることになっています。

この小学校と中学校の新しい学習指導要領のなかでは、多くの点が改良されているのですが、とくに、集合の考えと確率の考えをとり入れることが強調されています。また中学校の新しい学習指導要領では、集合の考えとともに、論理の考えも重視すべきことがのべられています。

したがってこれからの小学生と中学生は、かなり早い機会に、数学、とくに新しい数学での基礎的な概念である集合の考え、さらには論理の考え、そしておそらくはそれらにもとづいた確率の考えを得ていくことと思います。

これは、日本の数学教育界が十年以上にわたる研究の結果実現したことであり、まことにご同慶の至りであると思います。

しかし、本書の読者の大部分は、古い学習指導要領で数学を学ばれた方々でしょうから、おそらく右の話にでてくる集合とか論理とかいう言葉にあまり馴染みがないかも知れません。また、確率に対しても、なにか面倒なものであるという印象をもっておられるかも知れません。

本書はまず第一にそういう人たちのためのものです。また本書は、新しい学習指導要領によってこれから授業を行なおうとする先生方、そしてそれを習う小学生、中学生のご両親方のご参考にもなることをねらっています。

そこでまず第1章で、素朴な確率の概念が現われてくるような種々の例をあげてみました。

ついで第2章では、第1章に現われた種々の例にもとづいて、可能性の集合というものを論じました。私の考えでは、そこにのべた並べ方の集合と選び方の集合は、ほんとうに有用な集合の考えの良い例であると思います。

ついで第3章では、場合の数の数え方と題して、可能性の集合の要素の数を数える方法を説明しました。昔の言い方では、これはいわゆる順列、組み合わせの話題なのですが、ここにのべたようにとり扱うのが、新しい数学の考え方にそっていると私は思います。

ついで第4章では、文章とその真理集合の関係を論じました。ここに文章というのは論理にでてくる命題のことなのですが、この章におけるようにそれをとり扱えば、集合と論理の関係がいっそうはっきりすると私は思っています。

さて、以上の四つの章は、実は確率の考えを本格的にとり扱うための準備なのでして、これらにもとづけば、確率の定義とその性質を無理なく説明することができます。私はこれを第5章で行ないました。

確率論というのは、数学の分科のうちではおそらく一番応用の広いものでしょうから、つぎの第6章では、いくつかの有名な例をあげてみました。そして最後の第7章では、有名な大数の法則の意味を説明しました。

著者の意図は以上の通りなのですが、この書物に書いてあるようなことがはじめての読者が多いことを考えて、説明はくどいほどていねいにしてみました。したがって、本書がくどすぎるというお叱りは覚悟の上で、本書が以上の意図にそって、日本の数学教育で何らかの役を果たすことを心から祈るものです。

なお、本書の校正に関しては、石原仲子さんにたいへんお世話になりました。ここに記して厚くお礼を申しあげたいと思います。

一九六九年九月二日

矢野健太郎

確率のはなし　目次

第7章　大数の法則

第1章　いろいろの例

1 貨幣を一個投げる場合

われわれはよくつぎのようなことを言います。

「貨幣を一個机の上に投げるとき、その表がでるチャンスと、裏がでるチャンスとは、半々である」

これはつぎのことを意味していると思われます。貨幣を一個机の上に投げるとき、予想される結果は、

表、裏

のいずれかです。しかしわれわれは、これらの結果のうちのいずれがおこるかを、確実に予言することはできません。それでもこの場合、結果は表がでるか裏がでるかのいずれかであって、表がでることと、裏がでることとは、同じ程度に期待される、とはいうことができます。このことをわれわれは、表がでるチャンスと裏がでるチャンスとは半々であるという言い方で表わしているわけです。

すなわち、これは、

「表がでる」

という文章の主張することに対する信頼の程度は半分、すなわち$\frac{1}{2}$、

「裏がでる」

という文章の主張することに対する信頼の程度も半分、すなわち$\frac{1}{2}$であるということを意味しているものと考えられます。

この場合われわれは、「表がでる」という文章の確率は$\frac{1}{2}$、「裏がでる」という文章の確率は$\frac{1}{2}$というわけなのですが、要するに確率論というのは、種々の文章の主張することに対して、その信頼の程度を数で表わして、それらを数学的に処理して、得られた結果をわれわれの行動の指針にしようということを目的としているものです。

さらに例をあげてみましょう。

2　貨幣を二個投げる場合

ではこんどは、

「貨幣を二個机の上に投げるとき、両方ともが表を出すチャンスはいくらか」

という問題を考えてみましょう。

このような問題を考える場合一番大切なことは、まず予想される結果を、もれなく、また重複することなく、全部あげてみるということです。

それにはつぎのように考えていくのがよいと思います。われわれはいま二つの貨幣を机の上に投げるのですから、その一つの貨幣を第一の貨幣、他の貨幣を第二の貨幣とよぶことにしますと、その第一の貨幣に対しては、前に考えたように、

表、裏

という二つの結果のうちの必ず一つがおこります。

そのおのおのに対して、第二の貨幣に対しても、

表、裏

という二つの結果のうちの必ず一つがおこります。

このことを表にしてみますと、

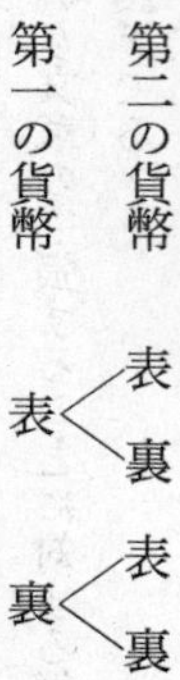

第一の貨幣	第二の貨幣
表	表
	裏
裏	表
	裏

となります。この表から、二つの貨幣を机の上に投げるとき、結果の可能性を、もれなく、また重複することなく、全部列挙したものは、

表表　表裏　裏表　裏裏

であることがわかります。

さてわれわれは、貨幣を机の上に投げれば、これらの四つの結果のうちのいずれか一つが必ずおこることは知っているのですが、このうちのどれがおこるかを確実に予言することはできません。しかしこの場合、これらのうちのどれか一つがおこることは、同じ程度に期待されると考えることができます。

そうしますと、おこり得る場合が全部で四つあり、それらはすべて同じ程度に期待され、そのうちわれわれの考えている、

「両方ともが表を出す」

という場合はたった一つ含まれているのですから、両方ともが表を出すチャンスは $\frac{1}{4}$ であるということができます。すなわち、

「両方ともが表を出す」

という文章の確率は$\frac{1}{4}$であるということができます。

以上の議論に対してつぎのように反論する人があるかも知れません。

右の議論では、結果の可能性を全部列挙したものを、

表表　表裏　裏表　裏裏

としたが、これはまた、

両方ともが表　一方が表で他方が裏　両方ともが裏

と考えることができる。こう考えれば、結果の可能性は全部で三つであり、そのうちにわれわれの考えている「両方ともが表」という場合はただ一つ含まれているのであるから、両方ともが表を出すチャンス、すなわち、両方ともが表を出す確率は$\frac{1}{3}$

になるのではないか。こう反論する人があるかも知れません。

これら二つの議論のちがいを整理してみますと、つぎのようになります。

まず最初の議論では、結果の可能性を全部列挙したものを、

表表　表裏　裏表　裏裏

としました。これに間違いはありません。しかしこの場合には、これら四つの可能性のうちのどれか一つがおこることはすべて同じ程度に期待されると考えました。したがって両方ともが表を出すという文章の確率は$\frac{1}{4}$と答えたわけです。

第二の議論では、結果の可能性を全部列挙したものを、

両方ともが表
一方が表で他方が裏
両方ともが裏

としました。これに間違いはありません。しかしこの場合には、これら三つの可能性のうちのどれか一つがおこることはすべて同じ程度に期待されると考えているようです。それだからこそ、両方ともが表を出すという文章の確率は1/3と答えているのです。

そうしますと、これら二つの議論の争点は、

表表　表裏　裏表　裏裏

という四つの可能性がすべて同様に期待されるという見解と、

両方ともが表　一方が表で他方が裏　両方ともが裏

という三つの可能性がすべて同様に期待されるという見解とのいずれが正しいかという点にしぼられます。

これからお話しようとする確率論は、もちろん数学の理論です。しかしわれわれはそれを、われわれの行動に指針を与えるために研究していこうと思っているのです。したがってそれは、架空の議論であってはなりません。実情に即したものでなければなりません。

とすれば、右の議論に結着をつけるには、実験をしてみるのがよいわけです。

そのために私は、二つの貨幣を机の上へ二〇〇回投げてみました。その結果は、五三回両方ともが表を出しました。

この実験から、両方ともが表を出すということに対する期待は、二〇〇分の五三に近い数、すなわち$\frac{1}{4}$と考える方が妥当であるということになります。したがって第一の見解の方が妥当であるということになります。

この第二の議論をもっと極端にして、結果の可能性は、

両方ともが表

そうでない

の二つしか考えられないから、両方ともが表ということがおこる確率は、二つに一つ、つまり$\frac{1}{2}$であるというのが間違っていることはもう申すまでもないでしょう。おこり得る場合が二つあるときには、そのおのおのがおこることが同様に期待されるときに限り、おのおのおこる確率は$\frac{1}{2}$というわけです。したがって、自分の買った宝くじは当たるか、当たらないかのいずれかである。したがって自分の買った宝くじが当たる確率は、$\frac{1}{2}$であるという種類の論法が誤っていることはもう明らかでしょう。

3　貨幣を三個投げる場合

ではもう少しがんばって、

「貨幣を三個机の上に投げるとき、三つともが表を出すチャンスはいくらか」

という問題を考えてみましょう。

前にも申しましたように、この種の問題を考える場合に一番大切なことは、まず予想される結果を、もれなく、また重複なく、全部あげてみるということです。

それには、前と同じように、つぎのように考えていきます。われわれは三つの貨幣を机の上に投げるのですから、それらを、それぞれ第一の貨幣、第二の貨幣、第三の貨幣とよぶことにしますと、その第一の貨幣に対しては、前に考えましたように、

表、裏

という二つの結果のうちの必ず一つがおこります。

そのおのおのに対して、第二の貨幣に対しても、

表、裏

という二つの結果のうちの必ず一つがおこります。

このことを表にすれば、

第一の貨幣	第二の貨幣
表	表
	裏
裏	表
	裏

となることは前にみた通りです。

さて、これらのおのおのに対して、第三の貨幣に対しても、

表、裏

という二つの結果のうちの必ず一つがおこります。

このことを表にしてみますと、

第一の貨幣	第二の貨幣	第三の貨幣
表	表	表
		裏
	裏	表
		裏
裏	表	表
		裏
	裏	表
		裏

となります。この表から、三つの貨幣を机の上に投げるとき、結果の可能性を、もれなく、また重複することなく、全部列挙したものは、

表表表　表表裏　表裏表　表裏裏　裏表表　裏表裏　裏裏表　裏裏裏

であることがわかります。しかも、これらのうちのどれか一つがおこることは、まったく同じ程度に期待されると考えることができます。

そうしますと、おこり得る場合が全部で八つあり、それらはすべて同じ程度に期待

され、そのうちわれわれの考えている、

「三つとも表を出す」

という場合はたった一つ含まれているのですから、三つとも表を出すチャンスは$\frac{1}{8}$であるということができます。すなわち、

「三つとも表を出す」

という文章の確率は$\frac{1}{8}$であるということができます。

以上の考察から、まったく同様にして、

「貨幣を三個机の上に投げるとき、二つが表を出し、一つが裏を出すチャンスはいくらか」

という問題も解くことができます。

まずわれわれは、三つの貨幣を机の上に投げるとき、結果の可能性を、もれなく、また重複することなく、全部列挙したものは、

表表表
表表裏
表裏表
表裏裏
裏表表
裏表裏
裏裏表
裏裏裏

であることを知っています。しかもこれらの場合のどれか一つがおこることは、すべてまったく同様に期待をされると考えられます。

　しかし、このなかに、

「二つが表を出し、一つが裏を出す」

という場合は、

裏表表
表裏表
表表裏

と三つ含まれています。したがって、二つが表を出し、一つが裏を出すチャンスは$\frac{3}{8}$であるということができます。すなわち、

「二つが表を出し、一つが裏を出す」

という文章の確率は$\frac{3}{8}$であるということができます。

　まったく同様にして、

「一つが表を出し、二つが裏を出す」

という文章の確率は$\frac{3}{8}$であり、

「三つともが裏を出す」

という文章の確率は$\frac{1}{8}$です。

4　サイを一個投げる場合

さて貨幣の例はこのくらいにして、こんどはサイの例にうつりましょう。

まず、

「サイを一つ机の上に投げるとき、1の目の出るチャンスはいくらか」

という問題を考えてみましょう。いままでの話から、この問題に対する答えは容易に見出されます。

前と同じように、まず考えるべきことは、結果に対して考えられる可能性をすべて列挙することです。これは明らかに、

⚀　⚁　⚂　⚃　⚄　⚅

の六つです。つぎに考えるべきことは、これらの可能性の一つ一つのおこることが、同じ程度に期待されるかどうかということですが、これは、もしこのサイが正しくつ

くられているとすれば、当然そう考えてよいわけです。

このうちわれわれの考えている、

「1の目がでる」

という文章が真となる場合は、

⊡

だけです。六つの同様に期待される場合のうち、「1の目がでる」という文章が真になる場合は一つだけであるという意味で、この場合の答えは1/6です。すなわち、サイを一つ机の上に投げるとき、1の目のでるチャンスは1/6、すなわち1の目の出る確率は1/6です。

では、

「サイを一つ机の上に投げるとき、奇数の目のでるチャンスはいくらか」

という問題はどうでしょう。

サイを一個机の上に投げるのですから、おこり得る可能性は全部で六つあり、それらはすべて同じ程度に期待され、しかも、われわれの問題にしている、

「奇数の目がでる」

という文章が真になる場合は、そのうちの、

⚀　⚂　⚄

だけです。六つの同じ程度に期待される場合のうち、「奇数の目がでる」という文章が真になる場合は三つあるという意味で、この場合の答えは$\frac{3}{6}$、すなわち$\frac{1}{2}$です。

すなわち、サイを一つ机の上に投げるとき、奇数の目がでるチャンス、すなわち奇数の目がでる確率は$\frac{1}{2}$です。

まったく同様に、

「偶数の目がでる」

という文章が真になる場合は、

⚁　⚃　⚅

だけです。

したがって、サイを一つ机の上に投げるとき、偶数の目がでるチャンス、すなわち偶数の目がでる確率も$\frac{3}{6}$、すなわち$\frac{1}{2}$です。

5　サイを二個投げる場合

ではこんどは、

「サイを二つ机の上に投げるとき、目の和が5になるチャンスはいくらか」

という問題を考えてみましょう。

もう何回も申しましたが、このような問題を考える場合に一番大切なことは、まず予想される結果を、もれなく、また重複することなく、全部あげてみるということです。

われわれはサイを二個机の上に投げるのですから、その一つのサイを第一のサイ、他のサイを第二のサイとよぶことにしますと、その第一のサイに対しては、前に考えましたように、

⚀　⚁　⚂　⚃　⚄　⚅

という六つの結果のうちのどれか一つが必ずおこります。

そのおのおのに対して、第二のサイに対しても、

⚀　⚁　⚂　⚃　⚄　⚅

という六つの結果のうちの必ず一つがおこります。

すなわち、第一のサイが⚀を出したとき、それに対して第二のサイは、⚀　⚁　⚂　⚃　⚄　⚅のいずれかを出しますから、この場合に得られる組み合わせは、

⚀⚀　⚀⚁　⚀⚂　⚀⚃　⚀⚄　⚀⚅

の六つです。

第一のサイが⚁を出したときも、それに対して第二のサイは、⚀　⚁　⚂　⚃　⚄　⚅のいずれかを出しますから、この場合に得られる組み合わせは、

⚁⚀　⚁⚁　⚁⚂　⚁⚃　⚁⚄　⚁⚅

の六つです。

このように考えていきますと、サイを二つ机の上に投げたとき、予想される結果は、

という三六個の可能性のうちのどれかであるということになります。しかも、これら三六個の場合は、これらのサイが正しく作られている限り、すべて同じ程度に期待されることに注意しましょう。

さて、われわれの考えている問題は、

「サイを二つ机の上に投げるとき、目の和が5になるチャンスはいくらか」

という問題です。

そこで、以上三六個の可能性のうち、

「目の和が5になる」

という文章が真になる場合はどれとどれとであるかを調べてみます。

それらはもちろん、

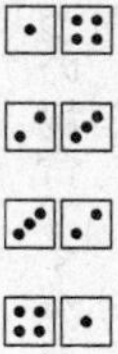

の四つです。

したがって、サイを二つ机の上に投げるとき、目の和が5になるチャンス、すなわち目の和が5になる確率は、$\frac{4}{36}$、すなわち$\frac{1}{9}$です。

もうこの種の問題に対する考え方はよくおわかりのことと思いますので、ついでに目の和が2になる確率から、目の和が12になる確率までを全部求めてみましょう。

まず、

「目の和が2になる」

という文章が真になる場合は、

だけですから、目の和が2になる確率は$\frac{1}{36}$です。

つぎに、

「目の和が3になる」

という文章が真になるのは、

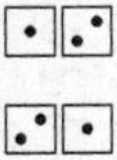

の二つの場合ですから、目の和が3になる確率は$\frac{2}{36}$、すなわち$\frac{1}{18}$です。

つぎに、

「目の和が4になる」

という文章が真になるのは、

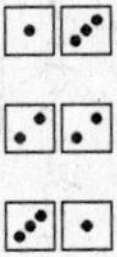

の三つの場合ですから、目の和が4になる確率は$\frac{3}{36}$、すなわち$\frac{1}{12}$です。

つぎに、

「目の和が5になる」

という文章が真になるのは、前に見たように、

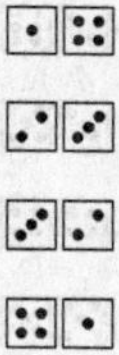

の四つの場合ですから、目の和が5になる確率は$\frac{4}{36}$、すなわち$\frac{1}{9}$です。

つぎに、

「目の和が6になる」

という文章が真になるのは、

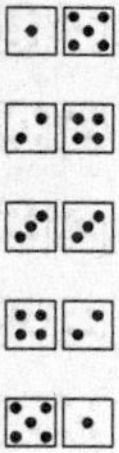

の五つの場合ですから、目の和が6になる確率は$\frac{5}{36}$です。

つぎに、

「目の和が7になる」

という文章が真になるのは、

⚀⚅　⚁⚄　⚂⚃　⚃⚂　⚄⚁　⚅⚀

の六つの場合ですから、目の和が7になる確率は$\frac{6}{36}$、すなわち$\frac{1}{6}$です。

つぎに、

「目の和が8になる」

という文章が真になるのは、

⚁⚅　⚂⚄　⚃⚃　⚄⚂　⚅⚁

の五つの場合ですから、目の和が8になる確率は$\frac{5}{36}$です。

つぎに、

「目の和が9になる」

という文章が真になるのは、

⚂⚅　⚃⚄　⚄⚃　⚅⚂

の四つの場合ですから、目の和が9になる確率は$\frac{4}{36}$、すなわち$\frac{1}{9}$です。

つぎに、

「目の和が10になる」

という文章が真になるのは、

⚃⚅　⚄⚄　⚅⚃

の三つの場合ですから、目の和が10になる確率は$\frac{3}{36}$、すなわち$\frac{1}{12}$です。

つぎに、

「目の和が11になる」

という文章が真になるのは、

⚄⚅　⚅⚄

の二つの場合ですから、目の和が11になる確率は$\frac{2}{36}$、すなわち$\frac{1}{18}$です。

最後に、

「目の和が12になる」

という文章が真になるのは、

⚅⚅

の一つの場合だけですから、目の和が12になる確率は$\frac{1}{36}$です。

さて、ここに長々とおのおのの場合を調べましたのは、みなさんに、

「サイを二つ机の上に投げ、その目の和に賭けるとすれば、いくつに賭けるのが一番有利か」

という問題を考えていただこうと思ったからです。

まずいままでの結果をまとめますと、

目の和	2	3	4	5	6	7	8	9	10	11	12
確率	$\frac{1}{36}=\frac{1}{36}$	$\frac{1}{18}=\frac{2}{36}$	$\frac{1}{12}=\frac{3}{36}$	$\frac{1}{9}=\frac{4}{36}$	$\frac{5}{36}=\frac{5}{36}$	$\frac{1}{6}=\frac{6}{36}$	$\frac{5}{36}=\frac{5}{36}$	$\frac{1}{9}=\frac{4}{36}$	$\frac{1}{12}=\frac{3}{36}$	$\frac{1}{18}=\frac{2}{36}$	$\frac{1}{36}=\frac{1}{36}$

となります。

この表を見れば、一目で目の和が7になる確率が一番大きいことがわかります。賭けは、チャンスが一番大きいものに賭けるのが有利ですから、この場合の答えは、目の和が7に賭けるのが一番有利だということになります。

一六世紀のイタリアの数学者にカルダノ（一五〇一—一五七六）とよばれる人がありました。

このカルダノは、算数、代数学、さらには天文学に関するいくつかの書物を書いていますが、とくに、その本の一つにのせられている三次方程式の解法は有名です。

このカルダノは、歴史にその名が残るほどのすぐれた数学者でありましたが、同時にまた職業的な賭博師（とばくし）としても有名です。現に彼は、賭博に関する書物も書いています。

本節でお話したことは、実はこのカルダノが、歴史上はじめて賭けの有利不利を論じた個所にかかれている話です。

6　九半一二丁

前の節では、サイを二つ机の上に投げるとき、その目の和が2になる確率、目の和が3になる確率、……目の和が12になる確率を全部もとめました。

日本語では、奇数のことを半、偶数のことを丁といいます。したがって、3、5、7、

9、11は半の目で、2、4、6、8、10、12は丁の目です。
日本には昔から、二つのサイを投げて、その目の和が半か、丁かに賭けて勝負を争う賭けがあります。これは俗に丁半賭博（とばく）とよばれています。

さて、この種の賭けの専門家たちは、ときどき九半一二丁ということを言います。それはつぎの意味です。

サイを二つ投げるとき、その目の和が半になる、すなわち奇数3、5、7、9、11になるのは、

という九つの場合だけである。
また、目の和が丁になる、すなわち偶数2、4、6、8、10、12になるのは、

という一二の場合である。

つまり九半一二丁というのは、サイを二つ投げるとき、目の和が半になることは九回、目の和が丁になることは一二回あるという意味です。

もしこれが正しいとしますと、賭けというのはより多くおこりそうな場合に賭ける方が有利なのですから、半に賭けるよりは丁に賭ける方が有利である、ということになってしまいます。

これは変です。半に賭けることも、丁に賭けることも、チャンスはまったく同等だと思うからこそ、人たちはこの種の賭博をするのです。ですから右の九半一二丁の議論はどこかが間違っているわけです。どこが間違ったのでしょうか。

まず、右の議論では、目の和が3になるのは、

⚀⚁

という一つの場合だけだと言っています。この左に書いたのを第一のサイ、右に書いたのを第二のサイと考えますと、前節の議論からもわかりますように、目の和が3になる場合というのは、実は、

⚀⚁　⚁⚀

と二つあります。

また、右の議論では、目の和が5になるのは、

⚀⚃　⚁⚂

という二つの場合だけだと言っています。しかし、これも前節の議論からわかりますように、目の和が5になる場合というのは、実は、

⚀⚃　⚃⚀　⚁⚂　⚂⚁

と四つあります。

同様に、目の和が7になる場合は、

⚀⚅　⚁⚄　⚂⚃

という三つの場合だけではなく、実は、

⚀⚅　⚅⚀　⚁⚄　⚄⚁　⚂⚃　⚃⚂

と六つあります。

さらに、目の和が9になる場合は、

⚂⚅　⚃⚄

という二つの場合だけでなく、実は、

⚂⚅　⚅⚂　⚃⚄　⚄⚃

と四つあります。

さらにまた、目の和が11になる場合は、

という一つの場合だけでなく、実は、

と二つあります。

以上を整理しますと、目の和が半、すなわち奇数になる場合は、九半という言葉が言うように九つではなく、実は、

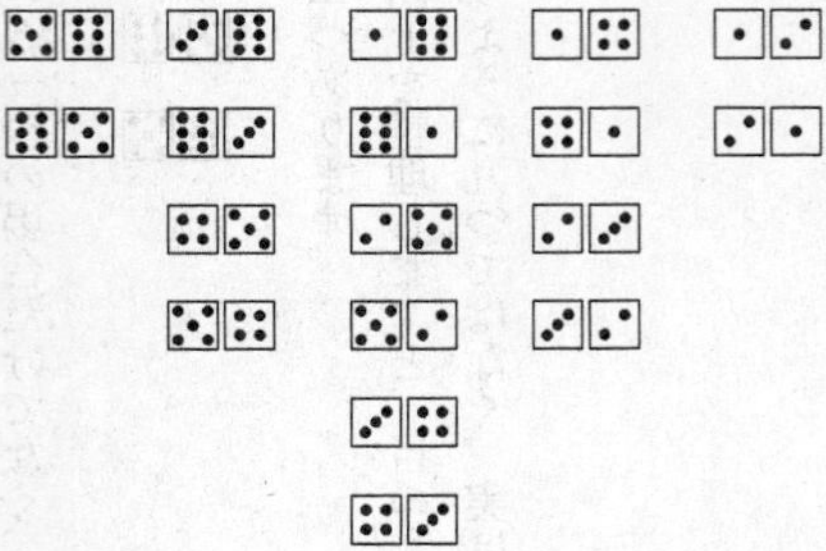

と一八あることがわかります。

まったく同じように考えていきますと、目の和が丁、すなわち偶数になる場合は、一二丁という言葉が言うように一二ではなく、実は、

と一八あることがわかります。

すなわち、サイを二つ投げますと、考えられる結果の可能性は、前節で見ましたように全部で三六あるのですが、そのうち目の和が半の奇数になる場合は一八、また丁の偶数になる場合も一八あるわけです。

つまりサイを二つ投げる場合、その結果として考えられるのは、九半一二丁ではなく、一八半一八丁というわけです。つまり、この丁半賭博は公平なわけです。

7　ガリレイとサイの問題

みなさんは、ピサに生まれたイタリアの天文学者、物理学者ガリレオ・ガリレイの名をご存知でしょう。彼の立てた地動説が、ローマの異端審問所で異端の説として厳禁されたとき、「それでも地球は動いている」とつぶやいたというのはあまりにも有名な話です。

さてこのガリレイが、あるとき彼の友人の職業的な賭博師からつぎのような質問を受けました。

いまサイを三つ投げるとします。

このとき、三つのサイの目の和が9になる組み合わせは、

⚀⚁⚅　⚀⚂⚄　⚀⚃⚃　⚁⚁⚄　⚁⚂⚃　⚂⚂⚂

の六つです。

また、三つのサイの目の和が10になる組み合わせも、

⚀⚂⚅　⚀⚃⚄　⚁⚁⚅　⚁⚂⚄　⚁⚃⚃　⚂⚂⚃

の六つです。

そうすると、三つのサイを投げるとき、目の和が9になるチャンスと目の和が10になるチャンスは同じであるように思われるが、実際の長い経験によると、目の和が9という場合よりも、目の和が10という場合の方がほんの少しではあるが多くおこるのです。これは一体どうしてでしょう、というのが、ガリレイが彼の友人の賭博師から受けた質問です。

この質問に対してガリレイはつぎのように答えています。

まず、三つのサイを投げるのですから、その一つのサイを第一のサイ、もう一つのサイを第二のサイ、残ったサイを第三のサイとよぶことにします。

第一、第二、第三のサイを同時に投げますと、第一のサイは1から6までの目のどれかを出します。そのおのおのに対して第二のサイも1から6までの目のどれかを出します。そして、第一のサイと第二のサイの出した目のおのおのに対して、第三のサイもまた1から6までの目のどれかを出します。

したがって、三つのサイを同時に投げれば、予想される結果の可能性は、全部で、

$$6\times6\times6=216$$

通りあるわけです。

さて、ガリレイの友人は、三つのサイの目の和が9になる組み合わせは、

の六つであると言っています。なるほど、目の和が9になるような組み合わせはこの六通りだけですが、目の和が9になる目の出方はこの六つだけではありません。もっ

とたくさんあります。
現に、最初の組み合わせ、

⚀⚁⚅

に対しても、そのような目の出方は、

⚀⚁⚅
⚀⚅⚁
⚁⚀⚅
⚁⚅⚀
⚅⚀⚁
⚅⚁⚀

と六通りあります。
二番目の組み合わせ、

⚀⚂⚄

に対しては、そのような目の出方は、

⚀⚁⚄
⚀⚄⚁
⚁⚀⚄
⚁⚄⚀
⚄⚀⚁
⚄⚁⚀

と六通りあります。
三番目の組み合わせ、

⚀⚅⚅

に対しては、そのような目の出方は、

⚀⚅⚅
⚅⚀⚅
⚅⚅⚀

と三通りあります。

四番目の組み合わせ、

⚁⚁⚄

に対しては、そのような目の出方は、

⚁⚁⚄

⚁⚄⚁

⚄⚁⚁

と三通りあります。

五番目の組み合わせ、

⚁⚂⚃

に対しては、そのような目の出方は、

⚁⚂⚃
⚁⚃⚂
⚂⚁⚃
⚂⚃⚁
⚃⚁⚂
⚃⚂⚁

と六通りあります。

最後の六番目の組み合わせ、

⚂⚂⚂

に対しては、そのような目の出方は、

⚂⚂⚂

の一通りです。

さて、こう考えてきますと、サイを三つ投げるとき、目の和が9になる目の出方は、全部で、

$$6+6+3+3+6+1=25$$

つまり二五通りあることがわかります。これから、サイを三つ投げるとき、目の和が9になる確率は$\frac{25}{216}$であることがわかります。

また、ガリレイの友人は、三つのサイの目の和が10になる組み合わせは、

⚀⚂⚅
⚀⚃⚄
⚁⚁⚅
⚁⚂⚄
⚁⚃⚃
⚂⚂⚃

の六つであると言っています。この場合もなるほど、目の和が10になるような組み合わせはこの六通りだけですが、目の和が10になる目の出方はこの六つだけではありません。もっとたくさんあります。

なぜかはもうおわかりでしょう。つまり、最初の組み合わせ、

⚀⚁⚅

に対しては、そのような目の出方は、

⚀⚁⚅　⚀⚅⚁　⚁⚀⚅　⚁⚅⚀　⚅⚀⚁　⚅⚁⚀

と六通りあります。

二番目の組み合わせ、

⚀⚃⚄

に対しては、そのような目の出方は、

⚀⚃⚄
⚀⚄⚃
⚃⚀⚄
⚃⚄⚀
⚄⚀⚃
⚄⚃⚀

と六通りあります。

三番目の組み合わせ、

⚁⚁⚅

に対しては、そのような目の出方は、

⚁⚁⚅
⚁⚅⚁
⚅⚁⚁

と三通りあります。

四番目の組み合わせ、

に対しては、そのような目の出方は、

と六通りあります。

五番目の組み合わせ、

に対しては、そのような目の出方は、

⚁⚃⚃
⚃⚁⚃
⚃⚃⚁

と三通りあります。
最後の六番目の組み合わせ、

⚂⚂⚃

に対しては、そのような目の出方は、

⚂⚂⚃
⚂⚃⚂
⚃⚂⚂

と三通りあります。
さてそうしますと、サイを三つ投げるとき、目の和が10になる目の出方は、全部で、

$$6+6+3+6+3+3=27$$

つまり二七通りあることがわかります。これから、サイを三つ投げるとき、目の和が10になる確率は$\frac{27}{216}$であることがわかります。

これで、三つのサイを投げるとき、目の和が9になる確率は$\frac{25}{216}$、目の和が10になる確率は$\frac{27}{216}$ということがわかったわけですが、これは、ガリレイの友人の長い間の経験、目の和が9になることよりも、目の和が10になることのほうがほんの少しではあるがおこり易いということをよく説明しています。

第2章　可能性の集合

1　一つの原理

われわれは前章で、確率に関するいろいろの例をみてきました。確率を考えるときに一番大切なことは、まず予想される結果の可能性を、もれなく、また重複することなく列挙することでした。

われわれはすでに、貨幣を一つ投げる場合、結果の可能性を、もれなく、また重複なく列挙したものが、

表　裏

であることを知っています。
また、貨幣を二つ投げる場合には、結果の可能性は、

表表　表裏　裏表　裏裏

であることも知っています。

さらにまた、貨幣を三つ投げる場合には、結果の可能性は、

表表表　表表裏　表裏表　表裏裏　裏表表　裏表裏　裏裏表　裏裏裏

であることを知っています。

つぎにサイの例にうつって、サイを一つ投げる場合には、結果の可能性は、

⚀　⚁　⚂　⚃　⚄　⚅

であることを知っています。

またサイを二つ投げる場合には、結果の可能性は、

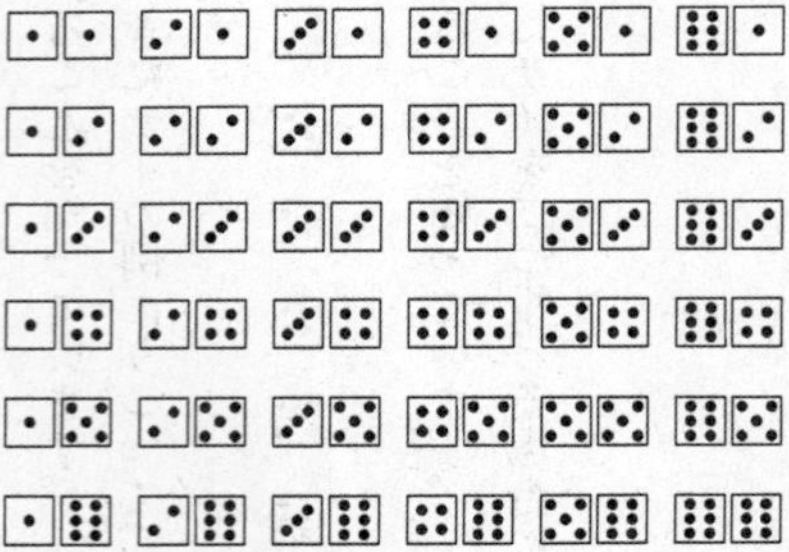

であることを知っています。

このような、結果の可能性をもれなく、また重複なく集めたものをわれわれは可能性の集合とよぶことにします。

さて、この可能性の集合を誤りなく見出だすために、われわれは一つの原理を使ってきたのですが、その原理をよく理解するためにわれわれはつぎの問題を考えてみます。

甲という町から乙という町へは、A、B、C、Dという四通りの道があります。乙という町から丙という町へは、U、V、Wという三つの道があります。このとき、これらの道を通って甲から乙をへて丙へ行く行き方を全部あげて下さい。すなわち、この場合の可能性の集合を求めて下さい。

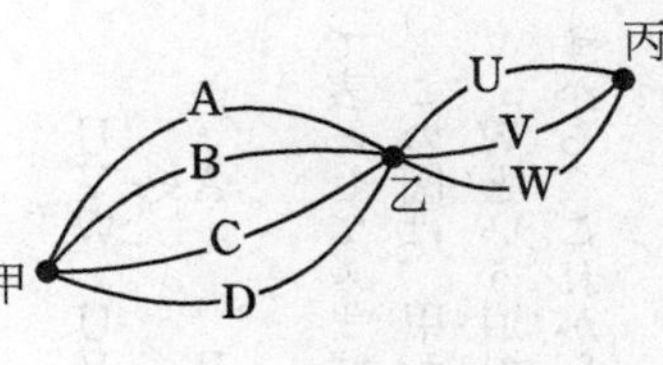

この種の問題に対しては、つぎのように考えていくのが一番合理的であると思います。

まず、甲から乙へ行くにはA、B、C、Dのどれかの道を通って行くのですから、これを、

A　B　C　D

で表わしてみます。

つぎに、甲から乙へはAという道をとったとして、乙から丙へは、またU、V、Wという三通りの道があるのです。これを、

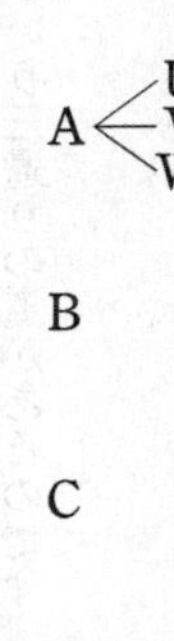

で表わしてみます。

同様に、甲から乙へはBという道をとったとしても、Cという道をとったとしても、Dという道をとったとしても、乙から丙へは、U、V、Wという三通りの道があるわけです。これを、

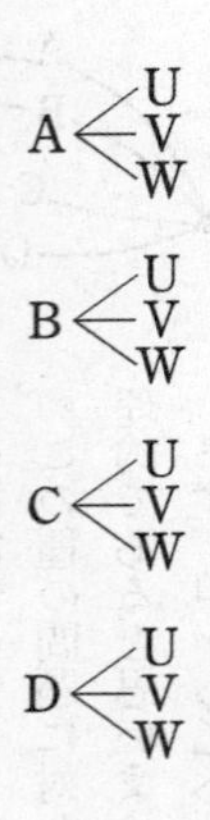

で表わしてみます。

この図は、甲から乙へはA、B、C、Dという道のどれかを通り、乙から丙へはU、V、Wという道のどれかを通って、甲から乙をへて丙へ行く道をすべて表わしていますから、これから、この場合の可能性の集合は、

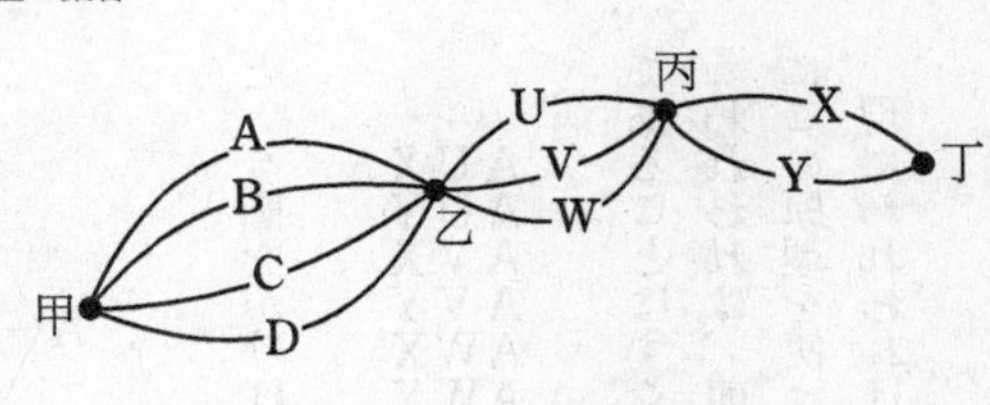

AU
AV
AW
BU
BV
BW
CU
CV
CW
DU
DV
DW

であることがわかります。

では、この問題をもう少し複雑にした、甲という町から乙という町へは、A、B、C、Dという四通りの道があります。乙という町から丙という町へはU、V、Wという三通りの道があります。また、丙という町から丁という町へはX、Yという二通りの道があります。このとき、これらの道を通って甲から乙、丙をへて丁へ行く行き方を全部あげて下さい。すなわち、この場合の可能性の集合を求めて下さい、という問題はいかがでしょう。

右と同様に考えて、

という図をかけば、この場合の可能性の集合は、

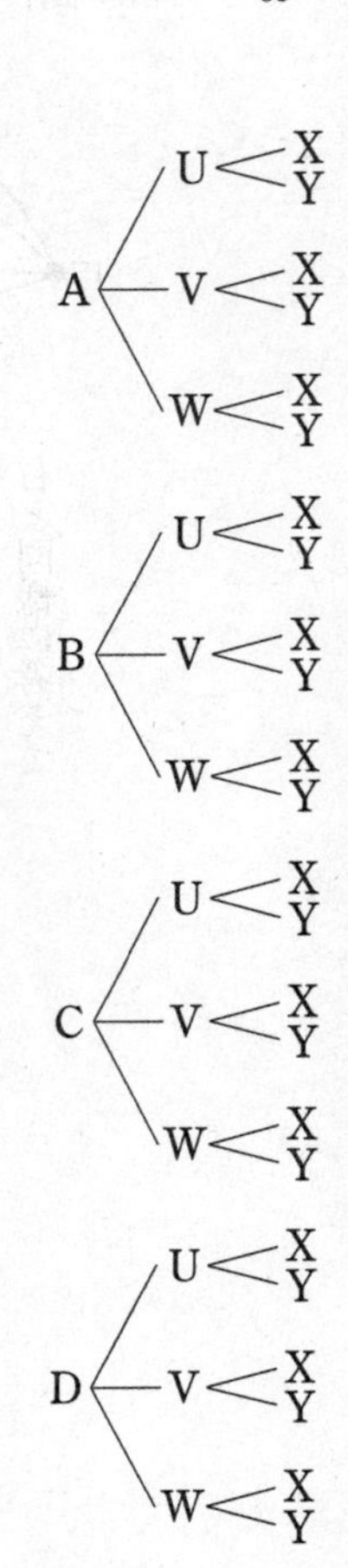

AUX
AUY
AVX
AVY
AWX
AWY
BUX
BUY
BVX
BVY
BWX
BWY
CUX
CUY
CVX
CVY
CWX
CWY
DUX
DUY
DVX
DVY
DWX
DWY

であることはすぐわかります。

われわれは、前章のいろいろの例に現われてくる可能性の集合を求めるのに、すでにこの原理を使っています。

現にわれわれは、二つの貨幣を投げた場合の可能性の集合を求めるのに、

第二の貨幣　表　裏　表　裏
第一の貨幣　表　　　裏

という図をかいて、

表裏表裏
表表裏裏

としました。

また、三つの貨幣を投げる場合の可能性の集合を求めるのに、

第三の貨幣　表　裏　表　裏　表　裏　表　裏
第二の貨幣　表　　　裏　　　表　　　裏
第一の貨幣　表　　　　　　　裏

という図をかいて、

表表表
表表裏
表裏表
表裏裏
裏表表
裏表裏
裏裏表
裏裏裏

としました。

また、二つのサイを投げる場合の可能性の集合を求めるのにも、

第二のサイ
第一のサイ

第二のサイ
第一のサイ

第二のサイ
第一のサイ

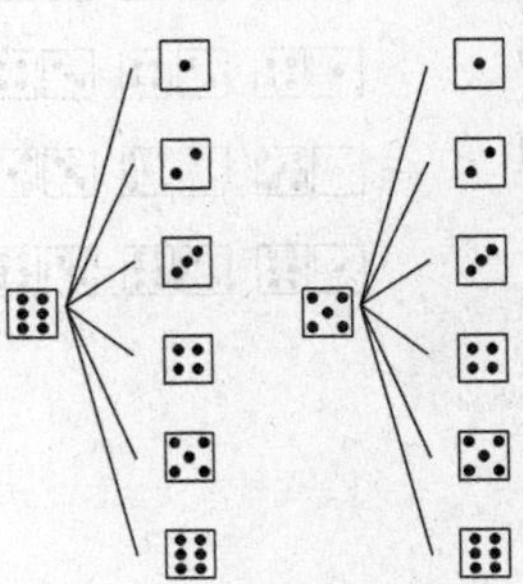

と考えて、

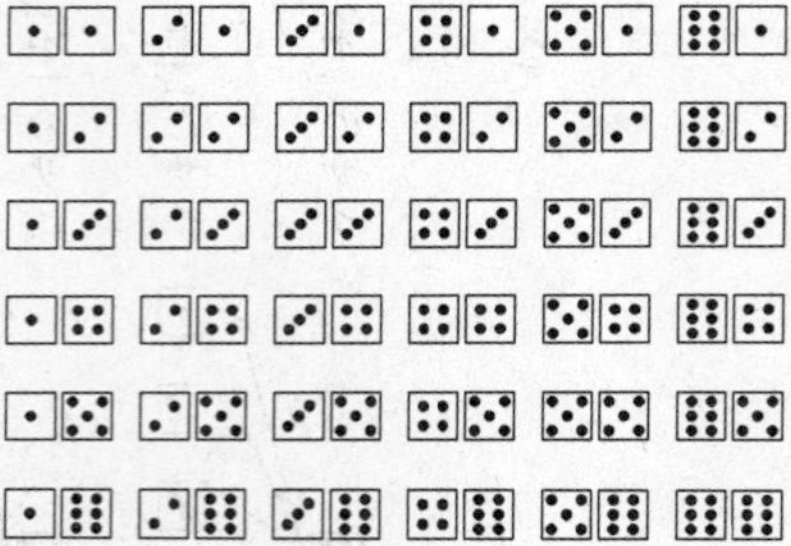

としました。

さて、以上の原理を頭において、並べ方と選び方に対する可能性の集合を求めるという問題を考えてみましょう。

2　並べ方の集合

まず最初につぎの易しい問題を考えてみます。

「a、b二人の人を横に並べるとき、その並べ方に対する可能性の集合を求む」

それは易しすぎる。答えは、

a b
b a

ではないか、と言われるかも知れません。

もちろん答えはこれで合っていますが、この易しい問題を解くのにも一応は前節でのべた原理を使ってみて下さい。

a、b二人を横に並べるのですから、まず、向かって左へくるのは、aかbのいずれか一人です。もしaが左へくれば、右は当然bです。もしbが左へくれば、右は当然aです。この考え方を、

という図で表わせば、これで答えは、

左	右
a	b
b	a

ab ba

であることがわかります。

なんだ前と同じではないかと言われる人があるかも知れませんが、後者の考え方のよいところは、このように考えれば、最後に得られた可能性の集合には、もれがなく、また重複もないという確信があるという点です。

このことは、これよりはほんの少し難しいつぎの問題を考えてみるとなおいっそうよくわかります。

「a、b、c三人の人を横に並べるとき、その並べ方に対する可能性の集合を求む」

この場合には、a、b、c三人を横に並べるのですから、まず向かって一番左へくるのは、aかbかcのいずれか一人です。もしaが一番左へくれば、真ん中へくるのは残りのbかcのいずれかです。もしbが一番左へくれば、真ん中へくるのは残りのaかcのいずれかです。もしまたcが一番左へくれば、真ん中へくるのは、残りのaかbのいずれかです。

このことを図にかきますと、

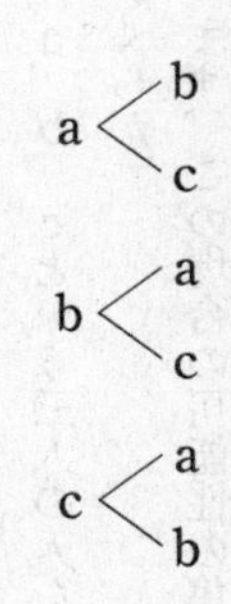

となりましょう。

さて、aが一番左へ、bが真ん中へくれば、一番右へくるのは、残ったcです。またaが一番左へ、cが真ん中へくれば、一番右へくるのは残ったbです。

このように考えていけば、右の図へさらに一番右へくる人を書き加えて、

左	真ん中	右
a	b	c
	c	b
b	a	c
	c	a
c	a	b
	b	a

とすることができます。

この図を見れば、三人の人a、b、cを横に並べるとき、その並べ方の可能性の集合は、

abc
acb
bac
bca
cab
cba

であることがわかります。しかも、その考え方からみて、この可能性の集合のなかには絶対洩れはなく、また重複のないことも明らかです。

この問題が解ければ、つぎの問題も解くことができます。

「a、b、cという三人の人を勝手に横に並べる。このときaが真ん中へくる確率はいくらか」

まず、この場合の可能性の集合は、

abc
acb
bac
bca
cab
cba

です。三人の人は勝手に横に並べるのですから、ここにある六つの場合は、そのどれ

がおこることもまったく同様に期待されると考えることができます。したがっておのおの、それがおこる$\frac{1}{6}$のチャンスをもっていると考えられます。ところがこのうち、

「aが真ん中にくる」

という文章は、

b a c　　c a b

という二つの場合に真になります。したがって、aが真ん中にくるということがおこる確率は、$\frac{2}{6}$、すなわち$\frac{1}{3}$であることがわかります。

まったく同様にして、

「a、b、cという三人の人を勝手に横に並べる。このときaが端へくる確率はいくらか」

という問題も解くことができます。

この場合には、

「aが端へくる」

という文章が真になるのは、

a b c

a c b

b c a

c b a

という四つの場合に限ります。したがってaが端へくるということがおこる確率は、$\frac{1}{6}$の4倍の$\frac{4}{6}$、すなわち$\frac{2}{3}$であることがわかります。

私は前章の「7 ガリレイとサイの問題」のところで、目の組み合わせは、

⚀ ⚁ ⚅

であっても、目の出方には、

⚀ ⚁ ⚅

⚀ ⚅ ⚁

⚁ ⚀ ⚅

⚁ ⚅ ⚀

⚅ ⚀ ⚁

⚅ ⚁ ⚀

の六通りがあると言いましたが、これを見出だすのには、実は右の考え方を使ったわけです。

さて、もう一息がんばって、

「a、b、c、dという四人の人を横に並べるとき、その並べ方に対する可能性の集合を求む」

という問題も考えておきましょう。

右の二つの例から、もうその考え方はおわかりでしょう。

まず、向かって一番左へはa、b、c、dのうちのだれかがきます。まずaが一番左へきたとすれば、その右へくるのは、残りのb、c、dのうちのだれかです。またbが一番左へきたとすれば、その右へくるのは、残りのa、c、dのうちのだれかです。こう考えていってこれを図にしますと、

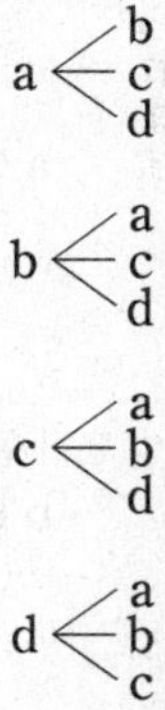

a ＜ b, c, d
b ＜ a, c, d
c ＜ a, b, d
d ＜ a, b, c

となります。

この図をみながら、まず、aが一番左へ、その右へbがきた場合を考えますと、そのさらに右へくるのは、残りのcかdです。また、aが一番左へ、その右へcがきた場合を考えますと、そのまた右へくるのは、残りのbかdです。さらにまた、aが一番左へ、その右へdがきた場合を考えますと、そのまた右へくるのは、残りのbかc

です。

このように考えていって、右の図をさらにひろげますと、

- a
  - b
    - c
    - d
  - c
    - b
    - d
  - d
    - b
    - c
- b
  - a
    - c
    - d
  - c
    - a
    - d
  - d
    - a
    - c
- c
  - a
    - b
    - d
  - b
    - a
    - d
  - d
    - a
    - b
- d
  - a
    - b
    - c
  - b
    - a
    - c
  - c
    - a
    - b

が得られます。

ところが、たとえばaが一番左、bがその右、cがそのまた右へくれば、一番右へくるのは、残りのdにきまってしまいます。こう考えてこの図を完成しますと、

- a
  - b
    - c — d
    - d — c
  - c
    - b — d
    - d — b
  - d
    - b — c
    - c — b
- b
  - a
    - c — d
    - d — c
  - c
    - a — d
    - d — a
  - d
    - a — c
    - c — a
- c
  - a
    - b — d
    - d — b
  - b
    - a — d
    - d — a
  - d
    - a — b
    - b — a
- d
  - a
    - b — c
    - c — b
  - b
    - a — c
    - c — a
  - c
    - a — b
    - b — a

となります。

この図から、四人の人a、b、c、dを横に並べる場合の可能性の集合は、

abcd
abdc
acbd
acdb
adbc
adcb
bacd
badc
bcad
bcda
bdac
bdca
cabd
cadb
cbad
cbda
cdab
cdba
dabc
dacb
dbac
dbca
dcab
dcba

であることがわかります。

これがわかれば、たとえばつぎの問題を解くことができます。

「四人の人a、b、c、dを勝手に横に並べる。このときaが左から二番目にくる確率はいくらか」

この場合の可能性の集合はいま求めたばかりですが、ここには二四の場合があります。しかもわれわれは四人の人を勝手に並べるのですから、ここにある二四の場合はすべて、そのどれがおこることもまったく同様に期待されると考えることができます。したがってそのおのおの、それがおこることは$\frac{1}{24}$のチャンスをもっていると考えることができます。ところがこのうち、

「aが左から二番目にくる」

という文章は、

b a c d
b a d c
c a b d
c a d b
d a b c
d a c b

という六つの場合に真になります。したがってaが左から二番目へくるということがおこる確率は、$\frac{1}{24}$の6倍の$\frac{6}{24}$、すなわち$\frac{1}{4}$であることがわかります。

さらにまた、つぎの問題も解くことができます。

「四人の人a、b、c、dを勝手に横に並べる。このときaが端にくる確率はいくらか」

前に求めた可能性の集合をみながら、

「aが端にくる」

という文章が真になる場合をあげてみますと、

a b c d
a b d c
a c b d
a c d b
a d b c
a d c b
b c d a
b d c a
c b d a
c d b a
d b c a
d c b a

です。すなわち、可能性の集合に含まれる二四の場合のうちに、この文章が真になる場合は一二含まれています。したがって求める確率は$\frac{12}{24}$、すなわち$\frac{1}{2}$です。

さて、いままでは、何人かの人を全部横に並べる並べ方を考えてきましたが、こんどは、何人かの人のうちの何人かを横に並べる並べ方を考えてみましょう。

まずつぎの問題を考えてみます。

「a、b、c、dという四人の人のうちの二人を横に並べる。この場合の並べ方に対する可能性の集合を求む」

考え方は前とまったく同様です。まず向かって左へくるのは、このa、b、c、dのうちのだれか一人です。いま、aが左へきたとしますと、右へくるのは、aをのぞいたb、c、dのうちのだれかです。もしbが左へきたとしますと、右へくるのはbをのぞいたa、c、dのうちのだれかです。こう考えていきますと、つぎの図が得られます。

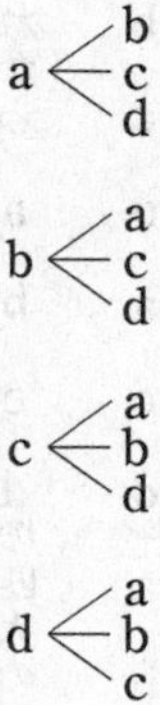

a ＜ b, c, d

b ＜ a, c, d

c ＜ a, b, d

d ＜ a, b, c

これから、a、b、c、dの四人のうち、二人を横に並べる場合の可能性の集合は、

a b
a c
a d
b a
b c
b d
c a
c b
c d
d a
d b
d c

であることがわかります。

同じ考え方でつぎの問題を解くこともできます。

「a、b、c、d、eという五人の人のうちの二人を横に並べる。この場合の並べ方に対する可能性の集合を求む」

まず、向かって左へくるのは、a、b、c、d、eのうちのだれか一人です。いま、aが左へきたとしますと、右へくるのは、このaをのぞいたb、c、d、eのうちのだれかです。もしbが左へきたとしますと、右へくるのは、このbをのぞいたa、c、d、eのうちのだれかです。こう考えていきますと、つぎの図が得られます。

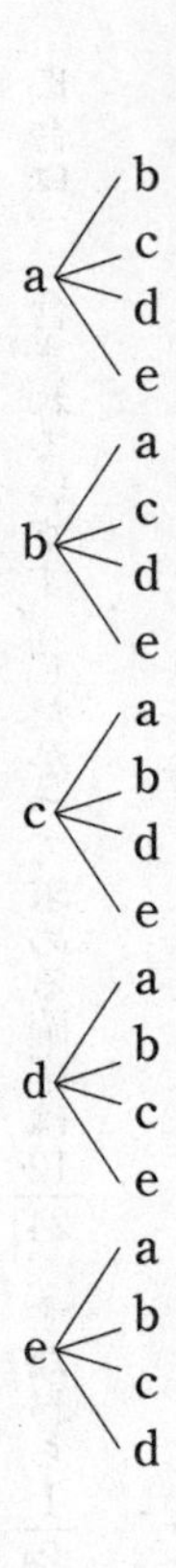

この図から、a、b、c、d、eという五人の人のうちの二人を横に並べる場合の可能性の集合は、

a b
a c
a d
a e
b a
b c
b d
b e
c a
c b
c d
c e
d a
d b
d c
d e
e a
e b
e c
e d

であることがわかります。

3　選び方の集合

われわれはいままで、並べ方の集合というものを考えてきました。本節では、こんどは選び方の集合というものを考えてみましょう。

まずつぎの問題を考えてみます。

「a、b、c、dという四人の人のうちから、二人の人を勝手に選ぶ。その選び方に対する可能性の集合を求む」

まず、二人の人を選ぶのに、そのうちの一人としてはaを選ぶ場合を考えてみます。そうしますと、もう一人の人としては、このaをのぞいた、b、c、dのうちのだれ

か一人を選ぶことになります。したがって、選ぶ二人のうちにaが含まれている場合は、

a b
a c
a d

の三つだけだということになります。

これで、選ばれる二人のうちにaが含まれている場合は全部つきていますから、つぎにはaを除外したb、c、dという三人のうちから二人の人を選ぶ選び方を考えてみます。いま、このような選び方で、そのうちにbが含まれている場合を考えてみます。そうしますと、もう一人の人としては、cかdのいずれかを選ぶことになります。したがって、選ぶ二人のうちに、aは含まれず、bが含まれている場合は、

b c
b d

の二つだけだということになります。

これで、選ばれる二人のうちに、aが含まれている場合とbが含まれている場合と

は全部つきていますから、つぎにはaとbを除外したc、dという二人の人から二人を選ぶ選び方を考えればよいわけです。ところがこれは、

c d

の一通りだけです。

以上の考察によって結局われわれは、a、b、c、dという四人の人のうちから二人の人を選ぶ場合、その選び方に対する可能性の集合は、

a b
a c　b c
a d　b d　c d

であるのを知ることができました。

この問題はつぎのように考えて解くこともできます。

われわれは前節で、四人の人a、b、c、dのうちの二人を横に並べる場合、その並べ方に対する可能性の集合は、

ab
ac
ad
ba
bc
bd
ca
cb
cd
da
db
dc

であることを知りました。これは並べ方の集合なのですが、われわれがいま考えているのは、並べ方ではなくて、選び方の集合です。したがって、たとえば、

ab と ba

は、並べ方という点ではちがっていても、選び方という点では同じものを表わしています。この点から、右の並べ方の集合のうちで、選び方という点では同じものをチェックしますと、

ab
ac
ad
ba✓
bc
bd
ca✓
cb✓
cd
da✓
db✓
dc✓

となって、残るのは、

ab　ac　ad　bc　bd　cd

の六つです。これは前の答えと合っています。

この問題が解けますと、つぎの問題も解くことができます。

「四人の人a、b、c、dのうちから勝手に二人の人を選ぶとき、aが選ばれる確率を求む」

われわれはこの場合の可能性の集合が、

ab　ac　ad　bc　bd　cd

であることを知っています。しかもわれわれは四人のうちから二人を勝手に選ぶのですから、これら六つの場合はすべてまったく同様に期待し得ると考えられます。すなわち、これらのうちのどれか一つがおこることは、すべて$\frac{1}{6}$のチャンスをもっていると考えられます。

ところがこのうち、

「aが選ばれている」

という文章が真になる場合は、

a　b

a　c

a　d

の三つです。したがって、四人の人a、b、c、dのうちから勝手に二人を選ぶとき、そのうちにaが含まれている確率は、$\frac{3}{6}$、すなわち$\frac{1}{2}$です。

さて、これとまったく同じ考えで解けるのですが、ついでのことに、つぎの問題も考えておきましょう。

「a、b、c、d、eという五人の人のうちから、二人の人を勝手に選ぶ。その選び方に対する可能性の集合を求む」

まず二人の人を選ぶのに、そのうちの一人としてはaを選ぶ場合を考えてみます。そうしますと、もう一人の人としては、このaをのぞいた、b、c、d、eのうちのだれか一人を選ぶことになります。したがって、選ぶ二人のうちにaが含まれている場合は、

a b
a c
a d
a e

の四つだということになります。

これで、選ばれる二人のうちにaが含まれている場合は全部つきていますから、つぎにはこのaを除外したb、c、d、eという四人のうちから二人を選ぶ選び方を考えてみます。いま、このような選び方で、そのうちにbが含まれている場合を考えてみます。そうしますと、もう一人の人としては、c、d、eのうちのいずれかを選ぶことになります。したがって選ぶ二人のうちに、aは含まれず、bが含まれている場合は、

b c
b d
b e

の三つだけということになります。

これで、選ばれる二人のうちに、aが含まれている場合もbが含まれている場合も全部考えましたから、つぎにはaとbを除外したc、d、eという三人の人から二人

を選ぶ選び方を考えてみます。いま、このような選び方のうちで、cが選ばれている場合を考えてみます。そうしますと、もう一人としては、dかeのいずれかを選ぶことになります。したがって、選ぶ二人のうちに、aもbも含まれず、cが含まれている場合は、

c d
c e

の二つだけということになります。

これで、選ばれる二人のうちに、aが含まれている場合もbが含まれている場合もcが含まれている場合も全部考えましたから、つぎにはaとbとcを除外したd、eという二人の人から二人を選ぶ選び方を考えればよいわけです。ところがこれは、

d e

の一通りだけです。
以上の考察によって結局われわれは、a、b、c、d、eという五人の人のうちか

ら二人の人を選ぶ場合、その選び方に対する可能性の集合は、

ab
ac　bc
ad　bd　cd
ae　be　ce　de

であるのを知ることができました。

前と同じように、この問題はつぎのように考えても解くことができます。

われわれは前節で、五人の人a、b、c、d、eのうちの二人を横に並べる場合、その並べ方に対する可能性の集合は、

ab
ac
ad
ae
ba
bc
bd
be
ca
cb
cd
ce
da
db
dc
de
ea
eb
ec
ed

であることを知りました。これは並べ方の集合なのですが、われわれがここで考えているのは、並べ方ではなくて、選び方の集合です。したがって、たとえば、

a b　と　b a

は、並べ方という点ではちがっていても、選び方という点では同じものを表わしています。この点から、右の並べ方の集合のうちで、選び方という点では同じものをチェックしますと、

a b
a c
a d
a e
b a ✓
b c
b d
b e
c a ✓
c b ✓
c d
c e
d a ✓
d b ✓
d c ✓
d e
e a ✓
e b ✓
e c ✓
e d ✓

となって、残るのは、

a b
a c
a d
a e
b c
b d
b e
c d
c e
d e

の一〇だけです。これは前の答えと合っています。

ではつぎの問題はどうでしょう。

「a、b、c、d、eという五人の人から三人の人を勝手に選ぶ。この場合選び方に対する可能性の集合を求む」.

こんどは、前の結果を利用してこの問題を解いてみましょう。

まず、三人の人を選ぶのに、そのうちの一人としてはaを選ぶ場合を考えてみます。そうしますと、もう二人の人は、このaをのぞいたb、c、d、eのうちから選ぶことになります。ところがわれわれは、b、c、d、eという四人の人のうちから二人の人を選ぶ場合の可能性の集合は、

bc
bd　cd
be　ce　de

であることを知っています。

したがって、選ぶ三人のうちにaが含まれている場合は、

abc

abd acd

abe ace ade

の六つだけだということになります。

これで、選ばれる三人のうちにaが含まれている場合は全部考えたわけですから、つぎには、このaを除外した、b、c、d、eという四人のうちから三人を選ぶ場合を考えてみます。いま、このような選び方のうちで、bが選ばれている場合を考えてみますと、もう二人はc、d、eのうちのいずれか二人を選ぶことになります。ところがこの選び方は明らかに、

cd
ce de

の三つだけです。
したがって、選ぶ三人のうちに、aは含まれておらず、bが含まれている場合は、

bcd
bce bde

の三つだけということになります。

これで、選ばれる三人のうちにaが含まれている場合もbが含まれている場合も全部考えたわけですから、つぎには、このaとbを除外した、c、d、eという三人の人から三人の人を選ぶ場合を考えればよいわけですが、これは明らかに、

cde

の一通りです。

以上で、五人の人a、b、c、d、eのうちから三人の人を選ぶ場合、その選び方に対する可能性の集合は、

abc
abd
abe
acd
ace
ade
bcd
bce
bde
cde

であることがわかりました。

第3章　場合の数の数え方

1　場合の数の数え方の原理

われわれはいままで、種々の状況のもとでの、おこり得る場合の集合、すなわち可能性の集合を問題にしてきました。

一般に、一つの集合に対して、それを構成している個々のものを、その集合の要素といいます。

つぎには、この場合の集合、すなわち可能性の集合の要素の数を問題としてみます。

たとえば、貨幣を二つ投げる場合には、可能性の集合は、

表表　表裏　裏表　裏裏

でしたが、この可能性の集合の要素の数は四つです。

また、貨幣を三つ投げる場合の可能性の集合は、

表表表
表表裏
表裏表
表裏裏
裏表表
裏表裏
裏裏表
裏裏裏

でしたが、この可能性の集合の要素の数は八つです。
さらに、サイを二つ投げる場合の可能性の集合は、

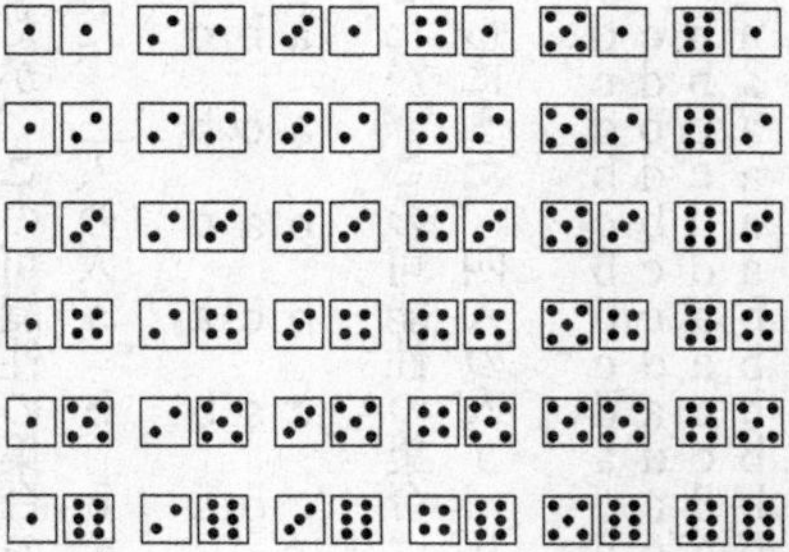

でしたが、この可能性の集合の要素の数は三六です。

また、三人の人a、b、cを横に並べる場合の可能性の集合は、

a b c
a c b
b a c
b c a
c a b
c b a

でしたが、この可能性の集合は六つの要素を含んでいます。

さらにまた、四人の人a、b、c、dを横に並べる場合の可能性の集合は、

a b c d
a b d c
a c b d
a c d b
a d b c
a d c b
b a c d
b a d c
b c a d
b c d a
b d a c
b d c a
c a b d
c a d b
c b a d
c b d a
c d a b
c d b a
d a b c
d a c b
d b a c
d b c a
d c a b
d c b a

でしたが、この可能性の集合は二四個の要素を含んでいます。

四人の人a、b、c、dを全部ではなく、二人だけ横に並べる場合の可能性の集合は、

a b
a c
a d
b a
b c
b d
c a
c b
c d
d a
d b
d c

でしたが、この可能性の集合は一二個の要素を含んでいます。

また、四人の人a、b、c、dから二人の人を選ぶ場合には、その可能性の集合は、

ab　ac　ad　bc　bd　cd

でしたが、この可能性の集合は六つの要素を含んでいます。

さらに、五人の人a、b、c、d、eから二人の人を選ぶ場合、その可能性の集合は、

ab　ac　ad　ae　bc　bd　be　cd　ce　de

でしたが、この可能性の集合は一〇個の要素を含んでいます。

われわれは、このように可能性の集合を全部書いてしまった場合には、その要素の数は、それを数えて知ることができます。

しかしわれわれがここで問題にしたいのは、できることなら、可能性の集合を全部書いてしまうことをしないで、その要素の数だけを知りたいということです。可能性

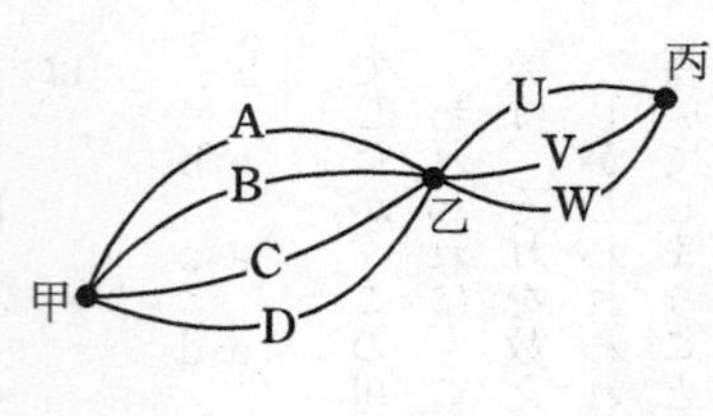

の集合が比較的少数個の要素を含んでいる場合には、いままでの方法でその要素の数を知ることができますが、もし可能性の集合が非常に多くの要素を含んでいる場合には、この後者の方法のほうがのぞましいわけです。

この場合にも、前章でのべた二つの原理の考え方が役に立ちます。そのときに考えた例はつぎの例でした。

甲という町から乙という町へは、A、B、C、Dという四通りの道があります。乙という町から丙という町へは、U、V、Wという三通りの道があります。このとき、甲から乙をへて丙へ、これらの道を通って行く行き方を全部あげて下さい、という問題でした。

これに対してわれわれはつぎのように考えました。まず甲を出発するときには、A、B、C、Dという道のどれかを選ぶという四つの可能性があります。これを、

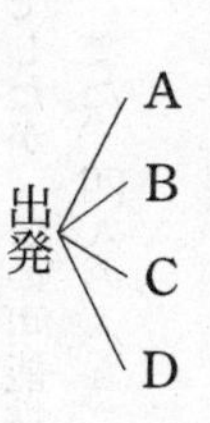

という図で表わしてみます。

いま、出発するときにAという道をとって乙へ達したとすれば、ここから丙へ行くに当たっては、つぎにU、V、Wという道のどれかを選ぶという三つの可能性があります。これを、

出発 ― A ― U, V, W
出発 ― B
出発 ― C
出発 ― D

という図で表わすことができます。

同様に考えてこの図を完成しますと、

出発 ― A ― U, V, W
出発 ― B ― U, V, W
出発 ― C ― U, V, W
出発 ― D ― U, V, W

となります。

前にはわれわれは、この図をみながら、この場合の可能性の集合は、

AU
AV
AW
BU
BV
BW
CU
CV
CW
DU
DV
DW

であると答えたのでした。

しかし、いまわれわれの問題にしているのは、このように可能性を全部かき上げることではなく、この可能性の集合はいくつの要素を含んでいるかということです。そしてこの見地から前の図を見ますと、まず出発点からは四本の線がでています。そのおのおのの端から、また三本ずつの線がでています。

そしてわれわれの問題は、この出発点からどれかの線をたどって右へ行き、さらにそれらの線の端から、またどれかの線をたどって右へ行く行き方は何通りあるかなのですから、答えはあきらかに、

4×3
$= 12$

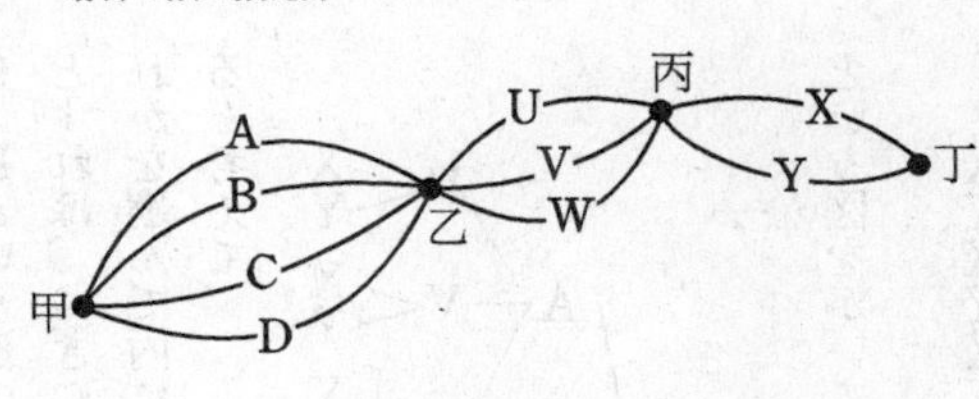

です。

こう考えれば、この場合の可能性の集合を全部書き出さなくても、その要素の数だけは知ることができるわけです。

以上の議論はわれわれにつぎの原理を示しております。すなわち、

二つの事柄があり、その第一の事柄はl通りの仕方でおこり、そのおのおのに対して第二の事柄はm通りの仕方でおこるとすれば、これら二つの事柄をこの順に組み合わせた事柄は、l掛けるm通りの仕方でおこる。

われわれはまたつぎの例も考えました。

甲という町から乙という町へは、A、B、C、Dという四通りの道があります。乙という町から丙という町へは、U、V、Wという三通りの道があります。さらに丙という町から丁という町へは、X、Yという二通りの道があります。このとき、甲から乙、丙をへて丁へ、これらの道のいずれかを通って行く行き方を全部あげて下さい。

この問題に対しても、われわれは前と同様に、まず甲を出発するときには、A、B、C、Dという道のどれかを選ぶという可能性がある。そのどれかを選んで乙に達したとすれば、つぎにはU、V、Wという道のどれかを選ぶという可能性がある。そのどれかを選んで丙に達したとすれば、つぎにはX、Yのどれかを選ぶという可能性があると考えて、

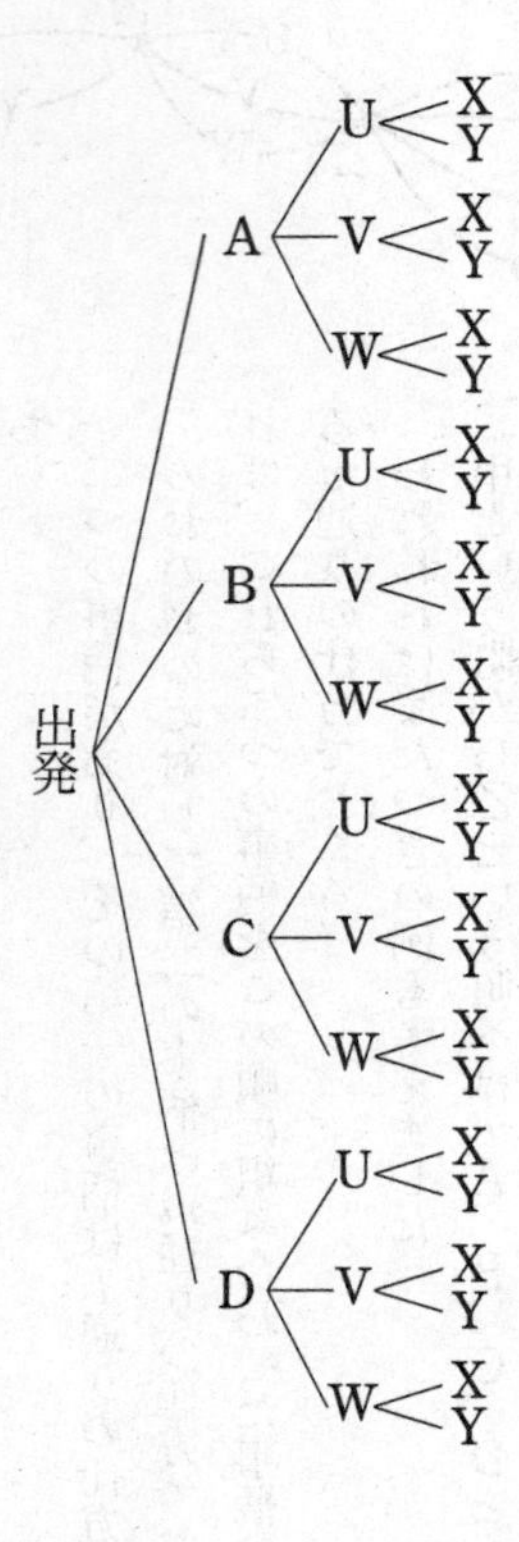

という図をかいて、これから、求める可能性の集合は、

AUX
AUY
AVX
AVY
AWX
AWY
BUX
BUY
BVX
BVY
BWX
BWY
CUX
CUY
CVX
CVY
CWX
CWY
DUX
DUY
DVX
DVY
DWX
DWY

であると答えました。

しかし、いまわれわれが問題にしているのは、このように可能性を全部かき上げることではなく、この可能性の集合はいくつの要素を含んでいるかということです。

この見地から前の図をみますと、まず出発点からは四本の線がでています。そしてそのおのおのの端から、また三本ずつの線がでています。そしてさらにそのおのおのの端から、また二本ずつの線がでています。

そしてわれわれの問題は、出発点から四本の線のどれかをたどって右へ行き、さらにその線の端から三本の線のどれかをたどって右へ行き、さらにまたその線の端から二本の線のどれかをたどって右へ行く行き方は何通りあるかということなのですから、答えは明らかに、

$$4 \times 3 \times 2 = 24$$

です。

こう考えれば、この場合の可能性の集合を全部書き出さなくても、その要素の数だけは知ることができるわけです。

以上の議論はわれわれにつぎの原理を示しております。すなわち、

三つの事柄があり、その第一の事柄はl通りの仕方でおこり、そのおのおのに対して第二の事柄はm通りの仕方でおこり、第一、第二の組み合わせのおのおのに対して第三の事柄はn通りの仕方でおこるとすれば、これら三つの事柄をこの順に組み合わせた事柄は、l掛けるm掛けるn通りの仕方でおこる。

この場合、事柄の数がいくつになってもこの原理の成り立つことは明らかでしょう。

この原理を利用すれば、いままでに考えた可能性の集合の要素の数は容易に計算されます。

たとえば、二つの貨幣を投げる場合、第一の貨幣は表を出すか裏を出すかのいずれかです。そのおのおのに対して、第二の貨幣も表を出すか裏を出すかのいずれかです。

したがってこの場合の可能性の集合は、

$$2 \times 2 = 4$$

個の要素を含んでいます。

また、三つの貨幣を投げる場合には、第一の貨幣は表を出すか裏を出すかのいずれか、そのおのおのに対して第二の貨幣も表を出すか裏を出すかのいずれか、第一の貨幣と第二の貨幣の表裏の出し方のおのおのに対して、第三の貨幣も表を出すか裏を出すかのいずれかですから、この場合の可能性の集合は、

$$2\times 2\times 2 = 8$$

個の要素を含んでいます。

この調子で、貨幣を四個投げる場合の可能性の集合は、

$$2\times 2\times 2\times 2 = 16$$

個の要素を含んでいることがわかります。

二つのサイを投げる場合も同様です。第一のサイは1、2、3、4、5、6という六つの目のどれかを出します。そのおのおのに対して第二のサイも1、2、3、4、5、6という六つの目のどれかを出します。したがってこの場合の可能性の集合は、

$$6 \times 6 = 36$$

個の要素を含んでいます。

まったく同様にサイを三個投げる場合の可能性の集合は、

$$6 \times 6 \times 6 = 216$$

個の要素を含んでいます。

2　並べ方の数の数え方

さて、この原理を利用して、並べ方の数の数え方を考えてみましょう。
われわれは、a、bという二人の人を横に並べる場合の可能性の集合を、

右　左

a—b
b—a

という図をかいて、

ab
ba

として求めました。これは、まず左へおく人はaかbで、これは二通りの仕方でおこる。左へくる人がきまれば、右へくる人は自動的にきまってしまう。つまり、左の人

がきまれば、右の人はただ一通りにきまってしまうと考えれば、この可能性の集合は、

$$2 \times 1 = 2$$

個の要素を含んでいることがわかります。

またわれわれは、a、b、cという三人の人を勝手に横に並べる場合の可能性の集合を、

a─b─c
a─c─b
b─a─c
b─c─a
c─a─b
c─b─a

という図をかいて、

abc
acb
bac
bca
cab
cba

として求めました。これは、まず左へくる人はaかbかcで、これは三通りの仕方でおこる。左へくる人がきまれば、真ん中へくる人は、左へきた人をのぞく二人のうちのいずれかである。したがってこれは二通りの仕方でおこる。左へくる人と真ん中へくる人がきまれば、右へくる人は自動的にきまってしまう。つまり、左の人と真ん中の人がきまれば、右の人はただ一通りにきまってしまうと考えれば、この可能性の集合は、

$$3\times2\times1=6$$

個の要素を含んでいることがわかります。

さらにわれわれは、a、b、c、dという四人の人を勝手に横に並べる場合の可能

性の集合を、

```
      ┌ b <  c ─ d
      │      d ─ c
  a ──┼ c <  b ─ d
      │      d ─ b
      └ d <  b ─ c
             c ─ b
      ┌ a <  c ─ d
      │      d ─ c
  b ──┼ c <  a ─ d
      │      d ─ a
      └ d <  a ─ c
             c ─ a
      ┌ a <  b ─ d
      │      d ─ b
  c ──┼ b <  a ─ d
      │      d ─ a
      └ d <  a ─ b
             b ─ a
      ┌ a <  b ─ c
      │      c ─ b
  d ──┼ b <  a ─ c
      │      c ─ a
      └ c <  a ─ b
             b ─ a
```

という図をかいて、

a b c d
a b d c
a c b d
a c d b
a d b c
a d c b
b a c d
b a d c
b c a d
b c d a
b d a c
b d c a
c a b d
c a d b
c b a d
c b d a
c d a b
c d b a
d a b c
d a c b
d b a c
d b c a
d c a b
d c b a

として求めました。これは、まず一番左へくる人はaかbかcかdで、これは四通りの仕方でおこる。一番左へくる人がきまれば、その右へくる人は、一番左へきた人をのぞく三人のうちのいずれかである。したがってこれは三通りの仕方でおこる。一番左へくる人とその右へくる人がきまれば、そのまた右へくる人は、これら二人をのぞく残りの二人のうちのいずれかである。したがってこれは二通りの仕方でおこる。最後に、一番左へくる人、その右へくる人、そのまた右へくる人がきまれば、一番右へくる人は自動的にきまってしまう。つまり、一番左、その右、そのまた右の人がきまれば、一番右へくる人はただ一通りにきまってしまう、と考えれば、この可能性の集合は、

$$4 \times 3 \times 2 \times 1 = 24$$

個の要素を含んでいることがわかります。

もうおわかりでしょう。このように考えていけば、五人の人を横に並べる場合の可能性の集合は、5掛ける4掛ける3掛ける2掛ける1個の要素を含んでいるわけです。

以上の議論には、

$$2\times 1$$
$$3\times 2\times 1$$
$$4\times 3\times 2\times 1$$
$$5\times 4\times 3\times 2\times 1$$
……

のように、ある正の整数からはじめて、それより一つずつ小さい数を、順に1まで掛けたものが現われています。
われわれはこれらをそれぞれ、2の階乗、3の階乗、4の階乗、5の階乗、……とよんで、

!

という記号を使い、それぞれ、

$$2! = 2 \times 1$$
$$3! = 3 \times 2 \times 1$$
$$4! = 4 \times 3 \times 2 \times 1$$
$$5! = 5 \times 4 \times 3 \times 2 \times 1$$
……

と表わします。

以上の議論からわれわれは、つぎの事柄が成り立つのを見てとることができます。

n人の人を横に並べる場合の可能性の集合は、

$$n!$$

個の要素を含んでいる。

さてこんどは、何人かの人を全部横に並べるのではなく、何人かのうちの何人かを横に並べる場合の可能性の集合の要素の数を考えてみましょう。

われわれは前に、a、b、c、dという四人のうちの二人を横に並べる場合の可能

性の集合を、

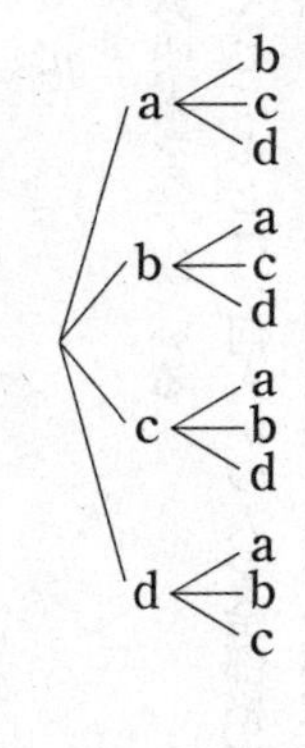

という図をかいて、

a b
a c
a d
b a
b c
b d
c a
c b
c d
d a
d b
d c

として求めました。これは、まず左へくる人はaかbかcかdで、これは四通りの仕方でおこる。左へくる人がきまれば、右へくる人は、この左へきた人をのぞいた三人のうちのいずれかである。したがってこれは三通りの仕方でおこると考えれば、この可能性の集合は、

$$4\times 3=12$$

個の要素をもっていることがわかります。

さらにわれわれは、a、b、c、d、eという五人の人のうちの二人を横に並べる場合の可能性の集合を、

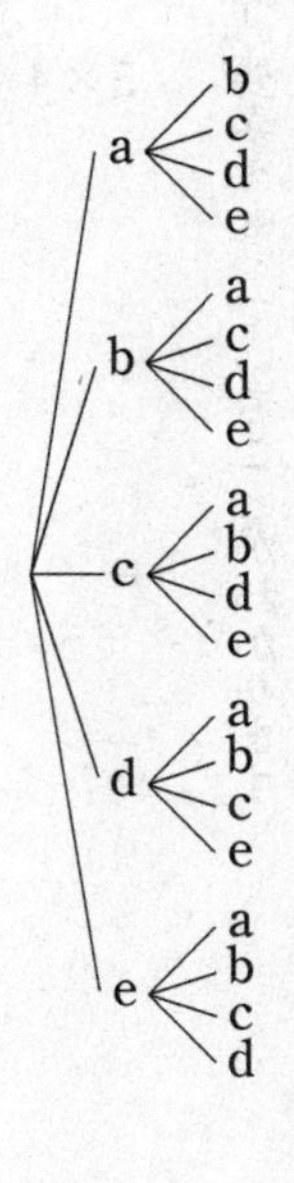

という図をかいて、

ab
ac
ad
ae
ba
bc
bd
be
ca
cb
cd
ce
da
db
dc
de
ea
eb
ec
ed

として求めました。これは、まず左へくる人はaかbかcかdかeで、これは五通り

の仕方でおこる。左へくる人がきまれば、右へくる人は、この左へきた人をのぞいた四人のうちのいずれかである。したがってこれは四通りの仕方でおこる、と考えれば、この可能性の集合は、

$$5 \times 4 = 20$$

個の要素をもっていることがわかります。

どうです。この調子ですから、もし六人のうちの二人を横に並べるとすれば、その場合の可能性の集合は、

$$6 \times 5 = 30$$

の要素を含んでいることが類推されます。

以上の議論からわれわれは、つぎの事柄の成り立つのをみることができます。

n人のうちの二人を横に並べる場合の可能性の集合は、

$$n(n-1)$$

個の要素を含んでいる。

さらにまたつぎのことも類推されましょう。

n人のうちの三人を横に並べる場合の可能性の集合は、

$$n(n-1)(n-2)$$

個の要素を含んでいる。

3 選び方の数の数え方

さてこんどは、選び方の数の数え方を考えてみましょう。

われわれはすでに、a、b、c、dという四人のうちから二人の人を選ぶ場合、その可能性の集合を求めるのに、まずaを選ぶ場合を考えて、それは、

a b　a c　a d

の三通り、これでaを選ぶ場合はもう考えたから、こんどはaをのぞいたb、c、dから二人を選ぶ場合を考えることにし、そのうちbを選ぶ場合を考えて、それは、

b c　b d

の二通り、これでaを選ぶ場合もbを選ぶ場合も考えたから、つぎにaとbをのぞい

たc、dから二人を選ぶ場合を考えて、それは、

c d

のただ一通り、したがってこの場合の可能性は、

a b

a c　b c

a d　b d　c d

と考えました。この可能性の集合は、

$3+2+1=6$

個の要素を含んでいます。

われわれはまたこの問題をつぎのように考えて解きました。

われわれはまずa、b、c、dという四人のうちの二人を横に並べる場合の可能性の集合を考えました。それは、

a b
a c
a d
b a
b c
b d
c a
c b
c d
d a
d b
d c

ですが、これは前節で考えましたように、

$$4 \times 3 = 12$$

個の要素を含んでいます。ところがこれは並べ方の集合であって、選び方の集合ではありません。たとえば、

ab　と　ba

は、並べ方という見地からはちがうものでも、選び方という見地からは同じものです。

そこでわれわれは、右の並べ方の集合のうちで、選び方という点からは同じものをチェックして、

ab
ac
ad
ba✓
bc
bd
ca✓
cb✓
cd
da✓
db✓
dc✓

とし、選び方の集合として、

ab
ac
ad
bc
bd
cd

を得たわけでした。
ところで、この並べ方の集合のなかには、

ab と ba

ac と ca

ad と da

bc と cb

bd と db

cd と dc

という具合に、並べ方という見地からは別でも、選び方という見地からは同じものが二つずつ対になっています。ここに二つずつというときの2は、二人の人の並べ方の数、

$$2 \times 1 = 2$$

です。したがって四人の人のうちの二人を横に並べる並べ方の数から、四人の人のうちから二人の人を選ぶ選び方の数を見出だすのには、

$$\frac{4\times3}{2\times1}=6$$

という計算をすればよいことがわかります。

またわれわれはすでに、a、b、c、d、eという五人の人のうちから二人の人を選ぶ場合の可能性の集合を、前と同じように考えて、

ab
ac bc
ad bd cd
ae be ce de

と求めました。この可能性の集合は、

$$4+3+2+1=10$$

個の要素を含んでいます。

われわれはこの問題に対しても、つぎのような別解をもっています。すなわち、われわれはa、b、c、d、eという五人の人のうちの二人を横に並べる場合の可能性の集合は、

b c d e a c d e a b d e a b c e a b c d
a a a a b b b b c c c c d d d d e e e e

であって、これが、

$$5 \times 4 = 20$$

個の要素を含んでいることを知っています。

ところがこのなかには、並べ方という見地からは別のものでも、選び方という見地からは同じものが含まれているのに注意して、

a b
a c
a d
a e
b a ✓
b c
b d
b e
c a ✓
c b ✓
c d
c e
d a ✓
d b ✓
d c ✓
d e
e a ✓
e b ✓
e c ✓
e d ✓

とチェックし、選び方の集合として、

a b
a c
a d
a e
b c
b d
b e
c d
c e
d e

を得たのでした。

このように、並べ方の集合のなかには、

ab と ba
ac と ca
ad と da
ae と ea
bc と cb
bd と db
be と eb
cd と dc
ce と ec
de と ed

という具合に、並べ方という見地からは別でも、選び方という見地からは同じものが、二つずつ対になっています。

したがって、五人の人のうちの二人を横に並べる並べ方の数から、五人の人のうちから二人の人を選ぶ選び方の数を見出だすには、

$$\frac{5\times4}{2\times1}=10$$

という計算をすればよいことがわかります。

それでは一つつぎの問題をやってみましょう。

「五人の人のうちから三人の人を選ぶ。この場合の可能性の集合はいくつの要素を含

んでいるか」

われわれはもう、五人のうちの三人を横に並べる場合の可能性の集合が、

$$5 \times 4 \times 3 = 60$$

個の要素を含んでいることを知っています。

しかし、いまこの五人の人をa、b、c、d、eとしますと、このなかには、たとえば、

a b c
a c b
b a c
b c a
c a b
c b a

のように、並べ方という見地からは別でも、選び方という見地からは同じものが六つ

ずつ含まれています。しかもこの六という数は、三人の人を横に並べる並べ方の数、

$$3\times2\times1=6$$

です。

したがって、五人の人のうちから三人の人を選ぶ選び方の数は、

$$\frac{5\times4\times3}{3\times2\times1}=10$$

です。

さて、五人の人のうちから二人の人を選ぶ選び方は10通り、五人の人のうちから三人の人を選ぶ選び方も10通りとなったわけですが、この答えの一致は偶然でしょうか。

これは偶然ではありません。なぜかといいますと、五人の人のうちから三人の人を選ぶということは、五人の人のうちから二人の人を除外するということです。したがって五人の人のうちから三人の人を選ぶ選び方の数は、五人の人のうちから二人の人を除外する（すなわち除外する人を選ぶ）仕方の数に等しいからです。

最後に、いままでの結果を公式としてもとめておきましょう。

n人のうちから二人の人を選ぶ選び方の数は、

$$\frac{n(n-1)}{2\cdot 1}$$

n人のうちから三人の人を選ぶ選び方の数は、

$$\frac{n(n-1)(n-2)}{3\cdot2\cdot1}$$

n人のうちから四人を選ぶ場合も、五人を選ぶ場合も、……これらの公式から類推されるでしょう。

4　クイズへの応用

みなさんはつぎのようなクイズにぶつかったことはないでしょうか。

いま次ページの上図（右）のように、平面上に四本の直線があります。これらのうちのどの二本も平行ではなく、またどの三本も一点に集まってはいません。この図のなかに三角形はいくつあるでしょうか。

これをふつうに注意深く数えてみますと、左（i）（ii）（iii）（iv）図の実線で示しましたよう

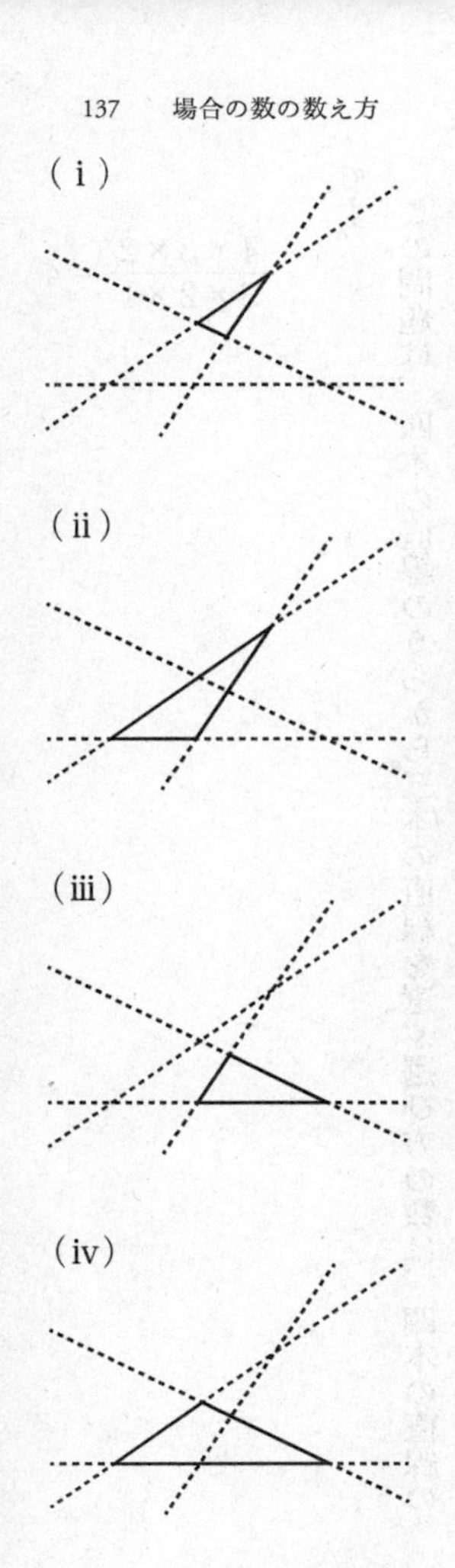

に、三角形は四個あることがわかります。

しかし、何かほかにもっとうまい方法はないものでしょうか。

平面上に四本の直線があって、そのどの二つも平行でなく、そのどの三つも一点には集まっていないのですから、この四本の直線から三本の直線をえらべば、それで三角形が一つできます。したがってわれわれは、四本の直線から三本の直線を選ぶ、その選び方の数を考えればよいことになります。

その数は、前節の最後の公式によって、

$$\frac{4\times3\times2}{3\times2\times1}=4$$

です。

この問題は、四本の直線のうちから三本の直線を選ぶ選び方の数は、四本の直線のうちから除外する一本の直線を選ぶ選び方の数に等しい、したがってこの場合の答えは4であると答えてもよいわけです。

この問題にもう一本の直線をつけ加えて、上の図のように、いま平面上に五本の直線があります。これらのうちのどの二本も平行ではなく、どの三本も一点に集まってはおりません。この図のなかに三角形はいくつありますかという問題になりますと、ふつうの方法で答えが10であるのを見つけるのにはなかなか骨がおれるでしょう。しかし選び方の数という考えを使いますと、これはすぐ解けてしまいます。

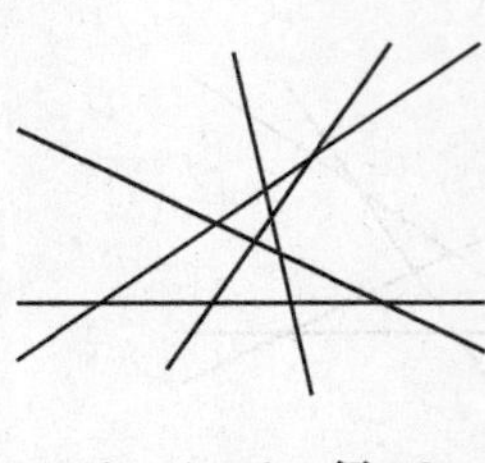

平面上に五本の直線があって、そのどの二本も平行でなく、そのどの三本も一点には集まっていないのですから、この五本の直線のうちから三本の直線をえらべば、それで三角形が一つできます。したがってわれわれは、五本の直線から三本の直線を選ぶ、その選び方の数を見出だせばよいわけです。これは前節の最後の公式によって、

$$\frac{5\times4\times3}{3\times2\times1}=10$$

です。

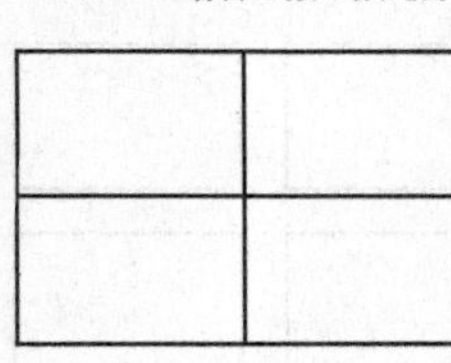

では、いまここに上のような図があります。この図のなかにはいくつの長方形があるでしょうか、という問題はどうでしょう。

まずふつうの方法で注意深くやってみましょう。

まず小さい長方形は、図 i のように、四つあります。また、横にみて、図 ii のように二つ、縦にみて、図 iii のように二つ長方形があります。それに全体の長方形は、図 iv のように一つあります。

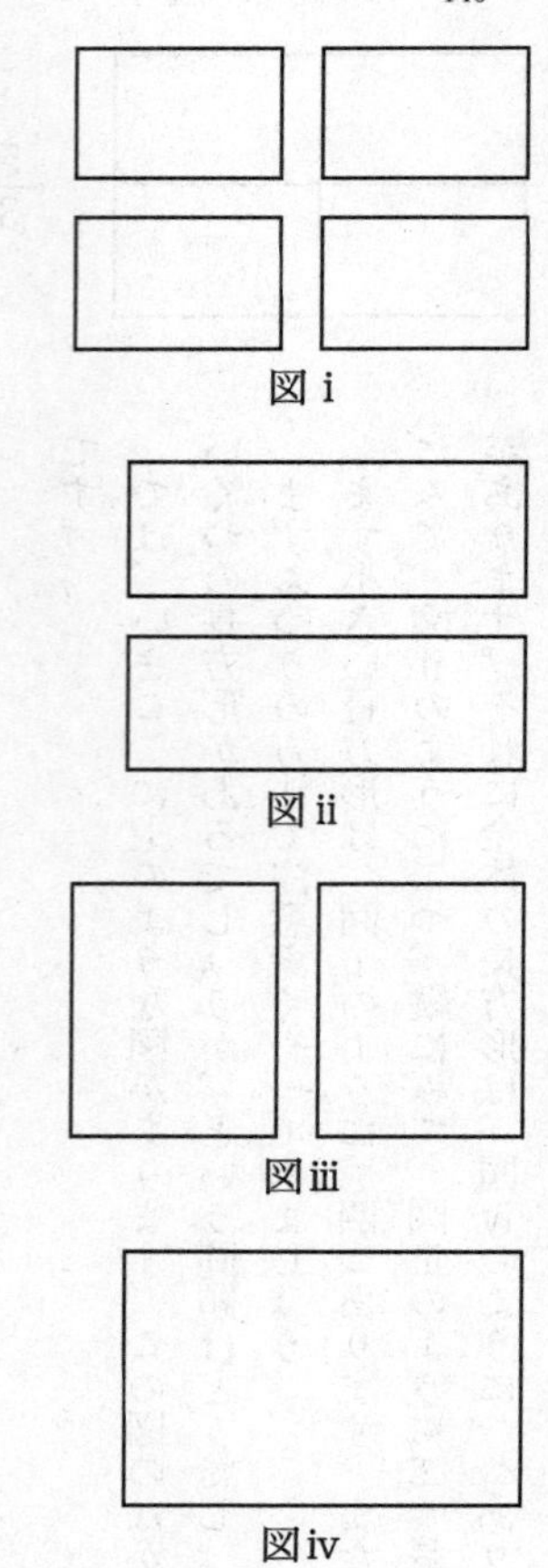

図 i

図 ii

図 iii

図 iv

したがって、この図のなかには、長方形が、

$$4 + 2 + 2 + 1 = 9$$

個あるというのが答えのようです。

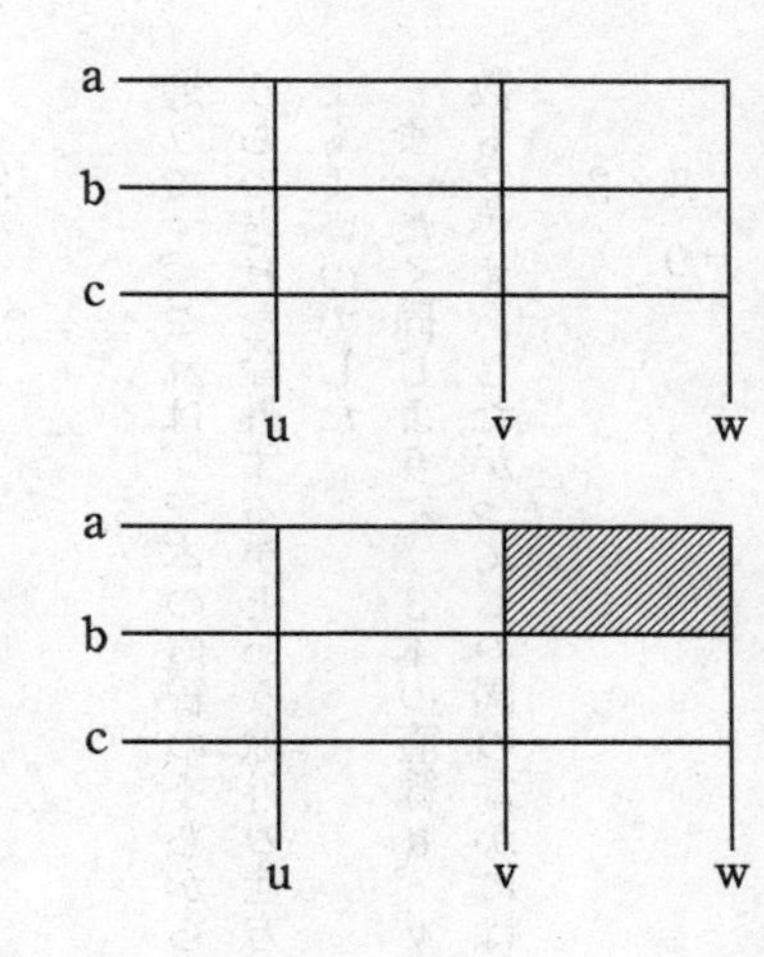

しかしみなさんは、この9という答えに自信がおありですか。すなわち、この図のなかにある長方形の数を考えるのに、落としてはいないか、同じ物を二度数えてはいないかという心配はないでしょうか。前節でお話した考えを使いますと、答えに対して自信が得られると私は思います。

まず、与えられた図は、横の三本の線a、b、cと、縦の三本の線u、v、wとからできていることに注意します。

ところで、この図のなかの長方形というのは、横から二本の線、縦から二本の線を選んで作られます。たとえば下の図の斜線を施した長方形は、横からa、bという二本の線、縦からv、wという二本の線を選んで作られています。

したがって、この図のなかにいくつの長方形があるかという問題を解くには、a、b、cという三本の直線のうちから二本の直線を選ぶ選び方の数と、u、v、wという三本の直線のうちから二本の直線を選ぶ選び方の数とを掛け合わせればよいことになります。

ところが、三本の直線a、b、cのうちから二本の直線を選ぶ選び方は、前節の最後の公式によって、

$$\frac{3\times 2}{2\times 1}=3$$

通りです。これは、三本の直線のうちから二本の直線を選ぶ選び方は、三本の直線のうちのどれを除外するかという除外の仕方の数に等しいから、答えは3であると答えてもよいのでした。

まったく同じように、3本の直線u、v、wのうちから二本の直線を選ぶ選び方の数も3です。したがってこの図のなかには、

$$3\times 3=9$$

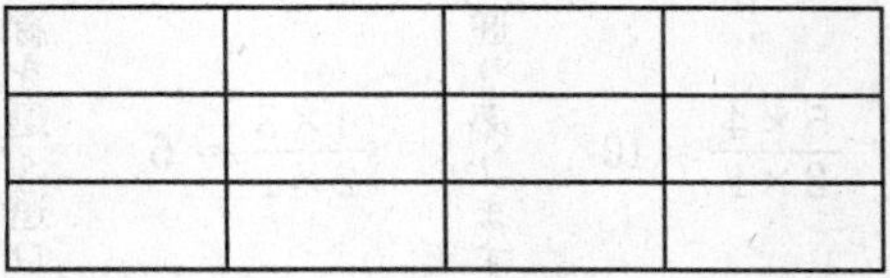

個の長方形があることがわかります。

この問題は、一つ一つ数える方法でも解け、選び方の数の数え方という考え方を使っても解けましたが、つぎの問題になりますと、もう一つ一つ数えるという方法ではたいへんです。このような場合には、選び方の数の数え方の考えが大いに威力を発揮します。

いまここに上のような図があります。この図のなかに長方形はいくつあるでしょうか。前の考えにしたがって、下図のように横の線にa、b、c、d、縦の線にu、v、w、x、yと名をつけます。

そうしますと、この図のなかの長方形は、a、b、c、dという四本のうちから二本の直線、u、v、w、x、yという五本の直線から二本の直線を選んで作られます。

ところが、四本の直線のうちから二本の直

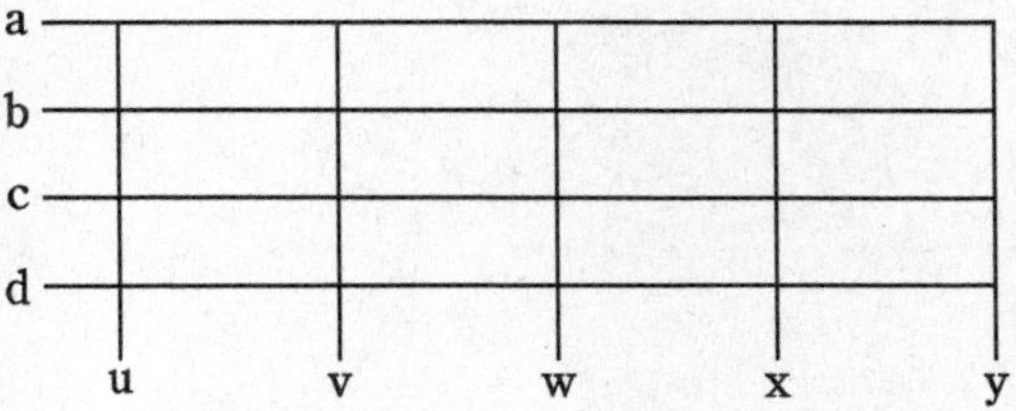

線を選ぶ選び方は、

$$\frac{4\times3}{2\times1}=6$$

通りあります。また五本の直線から二本の直線を選ぶ選び方は、

$$\frac{5\times4}{2\times1}=10$$

通りあります。

したがって、この図のなかにある長方形の数は、

$$6 \times 10 = 60$$

個ということになります。

第4章　文章とその真理集合

1 真理集合

まず、三人の人a、b、cを横に並べる場合を例にとって話を進めてみましょう。

この場合の可能性の集合は、

a b c
a c b
b a c
b c a
c a b
c b a

でした。

われわれはこの可能性の集合に対して、たとえば、

「aが真ん中にいる」

という文章をのべます。

そうしますと、可能性の集合の要素のうちで、この文章を真にするような要素の集合、

b a c　c a b

が定まります。

このように、一つの可能性の集合が与えられたとき、これに関してのべられた一つの文章を真とするような要素の集合のことを、与えられた可能性の集合に関する、この文章の真理集合といいます。

たとえば、この可能性の集合に関する、文章、

「aが真ん中にいる」

の真理集合は、

b a c　c a b

です。また、文章、

「aが左端にいる」

の真理集合は、

abc
acb

です。文章、

「aが右端にいる」

の真理集合は、

bca
cba

です。さらに文章、

「aが端にいる」

の真理集合は、

abc
acb
bca
cba

です。

さて、一つの可能性の集合に関する、一つの文章の真理集合は、与えられた可能性の集合の要素のいくつかを要素とする集合になっています。

一般に、一つの集合に対して、その要素のいくつかを要素とする集合を、もとの集合の部分集合といいます。

したがって、一つの可能性の集合に関する、ある文章の真理集合は、この可能性の集合の部分集合になるわけです。

私はいままで、なるべく数学の新しい記号を導入することはさけてお話をしてきました。しかし、話も大分すすんだことですから、これからは、ぼつぼつみなさんに、数学の新しい記号にも慣れていただきたいと思います。

数学者がいろいろの記号を導入するのは、それらが便利であり、言葉でのべると複雑なことを簡明に表わすことができ、それらを用いれば、数学の推理を一目瞭然に表わすことができるからです。

みなさんがもう長い間使っておられる、

＋　－　×　÷　＝

などの記号は、数学者たちが長い間の経験から苦心の末に考え出したものですが、もしこれらの記号を使わなかったとすれば、数学の話がどんなに複雑で解りづらいものになってしまうかは容易に想像されるでしょう。

これらの記号も、はじめて考え出されたときには、なにか難しいものに見えたかも知れません。しかしみなさんは、もうすっかりこれらに慣れておられるので、だれもこれらを難しいものとは思っておられないでしょう。おそらく便利なものと思っておられるでしょう。

ですから、私がこれから導入する記号に対しても、みなさんが早く慣れて下されば、それらは難しいものではなく、便利なものとなることを私は確信しています。

まず最初に私は、集合そのものを、一つの文字で表わすということをしたいと思います。

たとえば、われわれは、三人の人a、b、cを横に並べる場合の可能性の集合、

abc
acb
bac
bca
cab
cba

を考えてきたわけですが、この集合そのものをたとえばUという文字で表わして、

$$U = \{abc,\ acb,\ bac,\ bca,\ cab,\ cba\}$$

と書くことにしましょう。

ここにUは、その下に書いてある集合そのものを表わしますが、上と下へ中括弧をつけたのは、考えている集合は、この中括弧のなかにならべてあるものを要素とする集合であるという意味です。

したがって、「aが真ん中にいる」という文章の真理集合をPという文字で表わすことにしますと、

$$P = \{bac,\ cab\}$$

です。

また、「aが左端にいる」という文章の真理集合をQという文字で表わしますと、

Q＝{abc acb}

です。

また、「aが右端にいる」という文章の真理集合をRという文字で表わしますと、

R＝{bca cba}

です。

さらに、「aが端にいる」という文章の真理集合をSという文字で表わしますと、

S＝{abc acb bca cba}

です。

ところでこの場合、Uという集合に対して、P、Q、R、Sという集合はすべてUの部分集合です。

そこでわれわれは、Uという集合に対してPという集合がその部分集合であるという事実を、

P⊂U　または　U⊃P

という記号で表わして、PはUに含まれる、またはUはPを含むとよむことにします。

前の例では、

P⊂U　Q⊂U　R⊂U　S⊂U

で、

U⊃P　U⊃Q　U⊃R　U⊃S

です。

なお、右の例におけるように、一つの集合を定めておいて、それの種々の部分集合

U

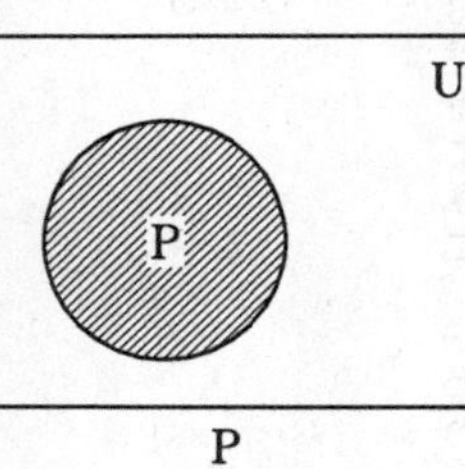

P

P、Q、R、……などを考える場合には、最初の集合Uを全体集合とよぶことがあります。本書でとり扱う確率のはなしにおいては、ほとんどすべての場合に、可能性の集合が全体集合の役割を演じます。

最後に、全体集合とその部分集合とを図に表わす工夫についてお話しておきましょう。

まず、一つの長方形をかいて、この長方形の内部で全体集合Uを表わします。

そしてこの全体集合Uの部分集合、たとえばPを、この長方形の内部にかいた円の内部で表わします。

こうして得られた図をみれば、一つの全体集合Uがあって、そのなかに一つの部分集合Pがあるということが一目で明らかになります。

これは、ベン図式とよばれています。

2　「pまたはq」という文章の真理集合

こんどは、五人の人a、b、c、d、eのうちから二人の人を選ぶ場合を例にとって話をしてみましょう。

この場合の可能性の集合は、

$$U=\{ab, ac, ad, ae, bc, bd, be, cd, ce, de\}$$

でした。

さて、

「aが選ばれている」

という文章の真理集合が、

$$P=\{ab, ac, ad, ae\}$$

であり、

「bが選ばれている」

という文章の真理集合は、

$$Q=\{ab \quad bc \quad bd \quad be\}$$

であることは、もうすぐおわかりでしょう。

それならば、

「aまたはbが選ばれている」

という文章の真理集合は何でしょう。

これはもちろん、

「aが選ばれている、またはbが選ばれている」

ということを意味しています。したがってこれは、

「aが選ばれている」

という文章と、

「bが選ばれている」

という文章を、

「または」

という言葉で結んで作った文章です。

われわれは、集合を表わすのに、P、Q、……などの文字を使うことにしました。そこで、文章を表わすのにも、p、q、……などの文字を使うことにしてみます。そして、

pは「aが選ばれている」

qは「bが選ばれている」

という文章を表わすことにしますと、

「aまたはbが選ばれている」

すなわち、

「aが選ばれているか、または、bが選ばれている」

という文章は、簡単に、

「pまたはq」

と表わされることになります。

さて、このように、二つの文章pとqとを「または」という言葉で結んで「pま

たは q」という文章を作るということは、われわれのよくすることではありますが、日常用語としての「または」には、二通りの意味があるようです。

たとえば、

「aまたはbが選ばれている」といった場合、ここにでてくる「または」という言葉は、aが選ばれているか、bが選ばれているかのいずれかであって、aとbの両方が選ばれている場合は除外するという意味である、と主張する人があります。

また、

「aまたはbが選ばれている」

といった場合、ここにでてくる「または」という言葉は、aが選ばれているか、bが選ばれているか、aとbの両方が選ばれているかのいずれかであって、aとbの両方が選ばれている場合を除外するという意味ではない、と主張する人もあります。

これは、いわば見解の相違ですから、私はこのいずれに軍配をあげようとも思いません。

しかしここにつぎのことだけははっきりさせておきたいと思います。

それは、少なくとも数学においては、二つの文章 p と q とを、「または」という言葉で結んで「p または q」という文章をのべたときには、それは、p が真であるか、q が真であるか、p と q の両方が真であることを主張しているということです。

このことを納得するのには、例を一つあげるだけで十分でしょう。

たとえばわれわれは、数学で、

$$xy = 0$$
よって
$$x = 0$$
または
$$y = 0$$

という形の推論になんどもぶつかります。

この文章の意味するところは、もしxとyを掛けたものが0であるというなら、xが0であるか、またはyが0である、ということです。

ここに、

「xが0、または、yが0」

という文章が現われていますが、これは、

「xが0か、yが0かのいずれかであって、xもyも0という場合は除外する」

ということを意味しているでしょうか、それとも、

「xが0か、yが0か、xとyの両方が0である」

ということを意味しているでしょうか。

xとyを掛けたものが0というのが仮定ですから、これから、xが0か、yが0

かのいずれかであって、xもyも0という場合は除外するという結論はでてきません。xとyを掛けたものが0という仮定からでてくることは、xが0か、yが0か、またはxとyの両方が0かのいずれかであるということです。

以上で、pが一つの文章、qが一つの文章であるとき、pまたはqという文章は、少なくとも数学では、pが真、qが真、pとqの両方が真かのいずれかであることを意味することがおわかりいただけたと思います。

さてここで前の問題にもどりましょう。われわれの可能性の集合は、

$$U=\{ab,\ ac,\ ad,\ ae,\ bc,\ bd,\ be,\ cd,\ ce,\ de\}$$

でした。

したがって、

p「aが選ばれている」

という文章の真理集合は、

$$P=\{ab,\ ac,\ ad,\ ae\}$$

であり、

q「bが選ばれている」

という文章の真理集合は、

$$Q=\{ab,\ bc,\ bd,\ be\}$$

でした。

そして問題は、

pまたはq「aが選ばれているか、または、bが選ばれている」

の真理集合を求めることでした。

したがって、ここでpまたはqという文章の主張を思いだせば、求める集合は、集合Pに属しているか、集合Qに属しているか、集合PとQの両方に属している要素を全部集めたものになるはずです。

したがって、集合、

$$P=\{ab,\ ac,\ ad,\ ae\}$$

と集合、

Q＝{a b　b c　b d　b e}

とをながめてそのような要素を全部集めますと、

{a b　a c　a d　a e　b c　b d　b e}

という新しい集合が得られます。これが、

「aまたはbが選ばれている」

という文章の真理集合です。

以上をふり返ってみますと、われわれは、二つの集合PとQが与えられた場合、これら二つの集合から、Pに属するか、Qに属するか、PとQの両方に属する要素すべてからなる集合を作っていることになります。

このような集合をわれわれは、PとQの結び、または合併集合とよんで、

$$P \cup Q$$

という記号で表わします。

たとえば、

$$P = \{ab, ac, ad, ae\}$$

$$Q = \{ab, bc, bd, be\}$$

であれば、

$$P \cup Q = \{ab, ac, ad, ae, bc, bd, be\}$$

です。

われわれは、

pという文章の真理集合がP

qという文章の真理集合がQ

であれば、

「pまたはq」という文章の真理集合は、おのおのの真理集合PとQの結び、

P∪Q

であることを知ることができたわけです。

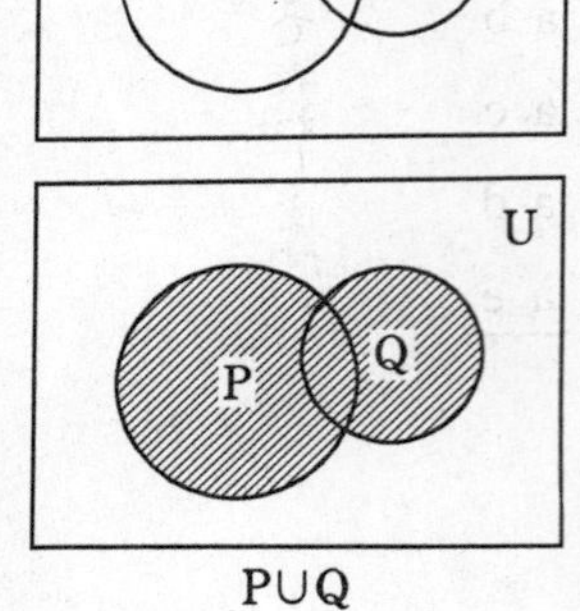

P∪Q

二つの集合PとQの結びは、前にのべたベン図式を用いますと、さらに一目瞭然にすることができます。

われわれはまず、全体集合Uを一つの長方形の内部で表わし、その部分集合PとQは、そのなかへかいた円の内部で表わすと約束しました。したがって上のような図が得られます。

さて、PとQの結びというのは、Pに属するか、Qに属するか、PとQの両方に属する要素全体の集合のことでした。

これを図でいいますと、Pを表わす円の内部にあるか、Qを表わす円の内部にあるか、その両方の内部にある部分のことです。したがって、PとQの結び、

$$P \cup Q$$

を表わす部分は、前ページの下図の斜線を施した部分であるということになります。

3　「***p*** および ***q***」という文章の真理集合

前と同じように、五人の人a、b、c、d、eのうちから二人の人を選ぶ場合を例にとってお話をしてみます。

この場合の可能性の集合は、

$$U = \{ab, ac, ad, ae, bc, bd, be, cd, ce, de\}$$

でした。また、文章、

p「aが選ばれている」

の真理集合は、

P = {b a, c a, d a, e a}

であり、文章、

q「bが選ばれている」

の真理集合は、

Q = {a b, b c, b d, b e}

でした。

それならば、文章、

pおよびq「aおよびbが選ばれている」の真理集合は何でしょう。

われわれはここに、二つの文章pとqを「および」という言葉で結んで「pおよびq」という文章を作っていますが、この文章の意味は明らかです。すなわち、「pおよびq」という文章は、pが真であり、qも真であることを意味しています。

したがって、pの真理集合Pが、

$$P = \{ab, ac, ad, ae\}$$

と与えられ、qの真理集合Qが、

$$Q = \{ab, bc, bd, be\}$$

と与えられている場合には「pおよびq」という文章の真理集合を見出だすのには、pの真理集合Pに属し、qの真理集合Qに属する要素全部を集めて（この場合にはそのような要素はただ一つしかありませんが）、

$$\{ab\}$$

という新しい集合を作ればよいわけです。これが、

「aおよびbが選ばれている」

という文章の真理集合です。

以上をふり返ってみますと、われわれは、二つの集合PとQが与えられた場合、これら二つの集合から、Pに属し、しかもQに属する要素すべてからなる集合を作っていることになります。

このような集合をわれわれは、PとQの交わり、または共通集合とよんで、

$$P \cap Q$$

という記号で表わします。

たとえば、

$$P = \{ab,\ ac,\ ad,\ ae\}$$

$$Q = \{ab,\ bc,\ bd,\ be\}$$

であれば、

$$P \cap Q = \{a\ b\}$$

です。

われわれは、

pという文章の真理集合がP

qという文章の真理集合がQ

であれば、

「pおよびq」という文章の真理集合は、おのおのの真理集合PとQの交わり、

$$P \cap Q$$

であることを知ることができたわけです。

この集合PとQの交わりは、前にのべたベン図式を用いますと、さらに一目瞭然にすることができます。

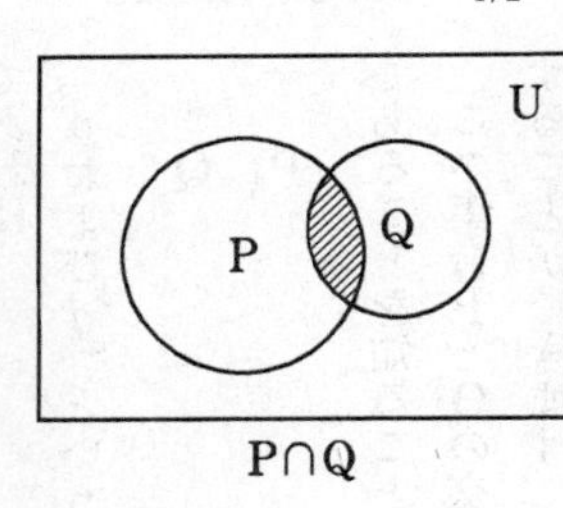

P∩Q

まず全体集合Uを表わす長方形をかき、そのなかへその部分集合PとQを表わす円を上の図のようにかきますと、PとQの交わりというのは、PとQの両方に属する要素すべての集合のことですから、それはPを表わす円と、Qを表わす円の両方のなかに含まれている部分、すなわち図の斜線を施した部分で表わされます。

4 「***p***でない」という文章の真理集合

やはり前と同じように、五人の人a、b、c、d、eのうちから二人の人を選ぶ場合を例にとってみます。

この場合の可能性の集合は、

$$U=\{ab, ac, ad, ae, bc, bd, be, cd, ce, de\}$$

でした。また、文章、

p「aが選ばれている」

の真理集合Pは、

$$P=\{ab\ \ ac\ \ ad\ \ ae\}$$

でした。

それならば、文章、

pでない「aは選ばれていない」

の真理集合は何でしょう。

われわれはここに、一つの文章pから出発して、「pでない」という文章を作っていますが、これはpが真でないことを主張しています。

したがって、文章pの真理集合、

$$P=\{ab\ \ ac\ \ ad\ \ ae\}$$

が与えられた場合に、「pでない」という文章の真理集合を見出だすには、全体集合

Uには属するが、pの真理集合Pには属していない要素すべての集合を作ればよいわけです。すなわち、

$$\{bc,\ bd,\ be,\ cd,\ ce,\ de\}$$

という集合を作ればよいわけです。これが、

「aは選ばれていない」

という文章の真理集合です。

以上をふり返ってみますと、われわれは、全体集合Uの一つの部分集合Pが与えられた場合に、全体集合Uには属するが、集合Pには属さない要素すべてからなる集合を作っていることになります。

このような集合をわれわれは、全体集合Uに関するPの補集合とよんで、

$$\overline{P}$$

という記号で表わします。

たとえば、

で、

U＝{ab, ac, ad, ae, bc, bd, be, cd, ce, de}

であれば、

P＝{ab, ac, ad, ae}

$\overline{P}$＝{bc, bd, be, cd, ce, de}

です。

われわれは、

*p*という文章の真理集合がP

であれば、

「*p*でない」という文章の真理集合は、全体集合Uに関するPの補集合、

$\overline{P}$

であるのを知ることができたわけです。

この集合Pの補集合は、前にのべたベン図式を用いますと、さらに一目瞭然にすることができます。

まず、全体集合Uを表わす長方形をかき、そのなかへその部分集合Pを表わす円をかきますと、Pの補集合というのは、全体集合Uには属するが、集合Pには属さない要素すべての集合のことですから、それは、長方形の内部にあって円の外部にある部分、つまり、図の斜線を施した部分で表わされることになります。

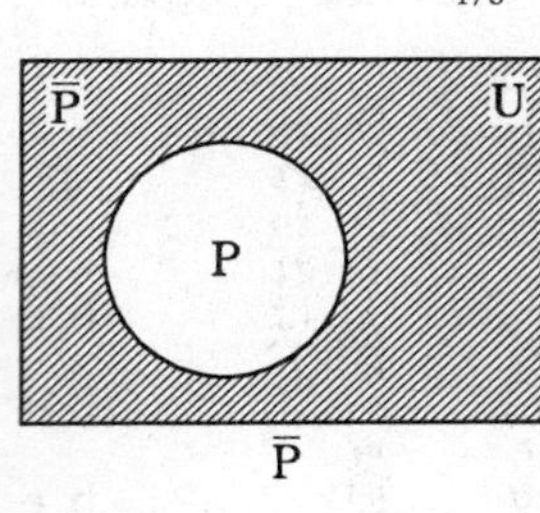

5　集合の要素の数

やはり前と同じように、五人の人a、b、c、d、eのうちから二人の人を選ぶ場合を例にとって話をすすめます。

この場合の可能性の集合は、

$$U = \{ab,\ ac,\ ad,\ ae,\ bc,\ bd,\ be,\ cd,\ ce,\ de\}$$

でした。この全体集合Uは一〇個の要素を含んでいます。

このように、われわれの考える集合はいずれも有限個の要素を含んでいますから、集合の含む要素の数を、

$$n(U)$$

という記号で表わすことにします。この場合には、

$$n(U) = 10$$

です。

また、文章、

p「aが選ばれている」

の真理集合は、

P＝{ab, ac, ad, ae}

でしたが、これは四個の要素を含んでいます。したがって、

$n(P)=4$

です。さらに、文章、

q「bが選ばれている」

の真理集合は、

Q＝{ab, bc, bd, be}

でしたが、これも四個の要素を含んでいます。したがって、

$n(Q)=4$

です。

われわれはさらに、文章、

pまたはq「aまたはbが選ばれている」の真理集合は、

$$P \cup Q = \{ab \quad ac \quad ad \quad ae \quad bc \quad bd \quad be\}$$

であり、文章、

pおよびq「aおよびbが選ばれている」

の真理集合は、

$$P \cap Q = \{ab\}$$

であり、文章、

pでない「aは選ばれていない」

の真理集合は、

$$\overline{\mathrm{P}} = \{\mathrm{bc} \quad \mathrm{bd} \quad \mathrm{be} \quad \mathrm{cd} \quad \mathrm{ce} \quad \mathrm{de}\}$$

であることを知っています。したがって、それぞれ、

$$n(\mathrm{P} \cup \mathrm{Q}) = 7$$
$$n(\mathrm{P} \cap \mathrm{Q}) = 1$$
$$n(\overline{\mathrm{P}}) = 6$$

です。

さて、ここに考えた、

$$n(\mathrm{U}) = 10$$
$$n(\mathrm{P}) = 4$$
$$n(\mathrm{Q}) = 4$$
$$n(\mathrm{P} \cup \mathrm{Q}) = 7$$
$$n(\mathrm{P} \cap \mathrm{Q}) = 1$$
$$n(\overline{\mathrm{P}}) = 6$$

という数の間には、どんな関係があるのでしょうか。

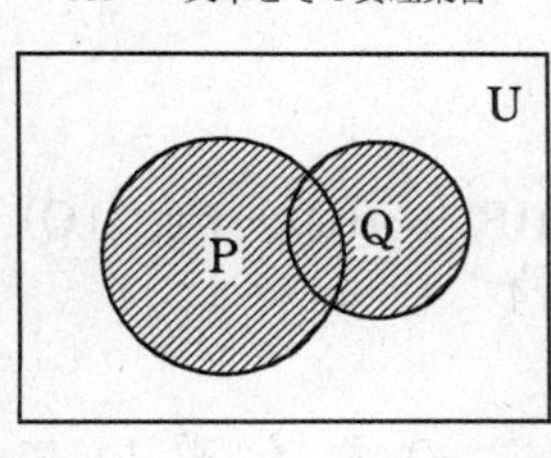

このような問題を考える場合には、右のような特殊な例をはなれて、一般的考察をしてみるのがよいようです。

そこでまず左のようなベン図式をかいて、集合Pと集合Qの結びの要素の数、

$n(\mathrm{P}\cup\mathrm{Q})$

を求めることを考えてみます。

これを求めるために、Pの要素の数とQの要素の数、すなわち、

$n(\mathrm{P})$　と　$n(\mathrm{Q})$

を加えたものを作ってみますと、これでは、PとQの結びの要素のうち、PとQの交わり、

$\mathrm{P}\cap\mathrm{Q}$

$$n(\mathrm{P}\cup\mathrm{Q}) = n(\mathrm{P}) + n(\mathrm{Q}) - n(\mathrm{P}\cap\mathrm{Q})$$

$$7 \quad = \quad 4 \quad + \quad 4 \quad - \quad 1$$

に属する要素は二度数えたことになってしまいます。したがって、PとQの結びの要素の数は、Pの要素の数とQの要素の数を加えたものから、PとQの交わりの要素の数を引いた数に等しいことがわかります。すなわち上の公式が成り立つことがわかります。

この公式の下へ書いた式は、この公式が前に考えた例でたしかに合っていることを示すためのものです。

つぎに、下のようなベン図式をかいて、集合Pの補集合$\overline{\mathrm{P}}$の要素の数、

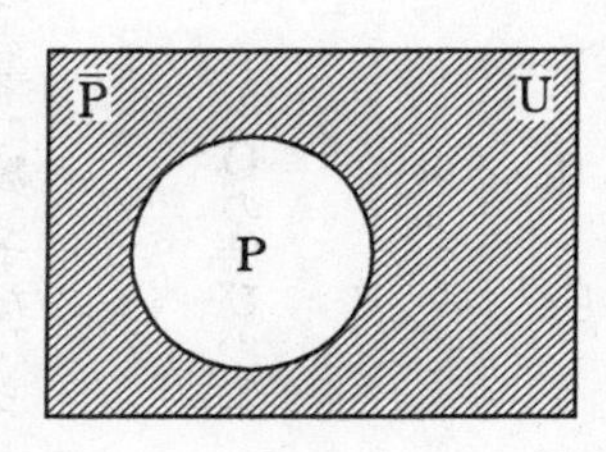

$$n(\overline{\mathrm{P}})$$

を求めることを考えてみます。

これは易しい問題です。なぜなら、全体集合Uの要素の数から、集合Pの要素の数

を引けば、補集合$\overline{P}$の要素の数が求まるからです。これを式に書きますと次のようになります。

$$n(\overline{P}) = n(U) - n(P)$$
$$6 = 10 - 4$$

または

$$n(P) + n(\overline{P}) = n(U)$$
$$4 + 6 = 10$$

これらの式の下へ書いたのは、これらの式が前に考えた例でたしかに成り立っていることを示すためのものです。

6　論理の記号と集合の記号

われわれはいままで何度も、五人の人a、b、c、d、eから二人の人を選ぶという場合を例にとって話をすすめてきました。この場合の可能性の集合は、

$$U = \{ab, ac, ad, ae, bc, bd, be, cd, ce, de\}$$

でした。そして、文章、

p「aが選ばれている」

の真理集合は、

$$P=\{ab,\ ac,\ ad,\ ae\}$$

また、文章、

q「bが選ばれている」

の真理集合は、

$$Q=\{ab,\ bc,\ bd,\ be\}$$

でした。

　これらの話のなかでわたくしは、pやqを文章とよんできました。文章ということばにはいろいろな意味があると思いますが、われわれがいまここで文章とよんでいるものは、

(1) 考えている可能性の集合の要素のおのおのに対して、はっきりした意味をもっている

(2) 考えている可能性の集合の要素のおのおのに対して、それは真になるか偽になるかのいずれかである

という性格をもっています。

たとえば、

p「aが選ばれている」

という文章は、たしかに考えている可能性の集合の要素のおのおのに対してはっきりした意味をもっており、可能性の集合の要素、

ab　ac　ad　ae

に対してはこれは真になり、

bc　bd　be　cd　ce　de

に対してはこれは偽になります。

われわれは、これら二つの性格をそなえた文章を命題とよぶことにします。

さてわれわれは、命題、

p「aが選ばれている」

q「bが選ばれている」

から、

pまたはq

という新しい命題を作りました。これは、

「aが選ばれているか、bが選ばれているか、a、b両方が選ばれている」

という意味でした。すなわち、「pまたはq」という命題は、pが真であるか、qが真であるか、pとqの両方が真であるかのいずれかのときに真である命題を意味しています。

p、qという二つの命題から作った、この意味での「pまたはq」という命題を、われわれはpとqの離接とよんで、

$$p \vee q$$

という記号で表わします。

われわれはまた、p、qという二つの命題から出発して、

pおよびq

という新しい命題を作りました。これは、

「aおよびbの両方が選ばれている」

という意味でした。すなわち「pおよびq」という命題は、pが真であり、同時にqも真であるときにだけ真である命題を意味しています。

p、qという二つの命題から作った、この意味での「pおよびq」という命題を、われわれはpとqの合接とよんで、

$$p \wedge q$$

という記号で表わします。
さらにわれわれは、pという一つの命題から出発して、
pでない
という新しい命題を作りました。これは、
「aは選ばれていない」
という意味でした。すなわち「pでない」という命題は、pが真のとき偽で、pが偽のとき真である命題を意味しています。

pという一つの命題から作った、この意味での「pでない」という命題を、われわれはpの否定とよんで、

$\neg p$

という記号で表わすことにします。

おやおや、急にたくさんの変わった記号がでてきたわいと読者は思われるかも知れませんが、これはそう恐るべきことではないのです。なぜかといいますと、いまここにお話した、命題の離接、合接、否定と、前にお話した、集合の結び、交わり、補集合の間には密接な関係があり、記号もそれらを考慮して作ってあるからです。

現にわれわれは、

pの真理集合をP

qの真理集合をQ

とすれば、「pまたはq」、すなわち命題pとqの離接の真理集合は、その真理集合PとQの結びであることを知っています。すなわち、

$p \vee q$　の真理集合は　$P \cup Q$

であることを知っています。すなわち、離接の記号∨と結びの記号∪が対応しており、これらは下方へとがっているか、丸いかのちがいをもっているだけです。

またわれわれは、「pおよびq」、すなわち命題pとqの合接の真理集合は、その真理集合PとQの交わりであることを知っています。すなわち、

$p \wedge q$　の真理集合は　$P \cap Q$

であることを知っています。すなわち、合接の記号∧と交わりの記号∩が対応しており、これらは上方へとがっているか、丸いかのちがいをもっているだけです。

またわれわれは、「pでない」、すなわち命題pの否定の真理集合は、その真理集合Pの補集合$\overline{P}$であることを知っています。すなわち、

$\overline{p}$　の真理集合は　$\overline{P}$

であることを知っています。すなわちこの場合には、命題の否定に対しても、それに対応する真理集合に対しても、まったく同じ記号が使われています。

7 ドゥ・モルガンの法則

さて、われわれは、ちょっぴりではありますが論理の話をしたのですから、ここで、この論理に関する最も有名な法則の一つ、ドゥ・モルガンの法則のことをお話してみたいと思います。

いつものように、五人の人a、b、c、d、eから二人の人を選ぶ場合を例にとりますと、その場合の可能性の集合は、

$$U=\{ab\ ac\ ad\ ae\ bc\ bd\ be\ cd\ ce\ de\}$$

でした。ここで、

p「aが選ばれている」

q「bが選ばれている」

として、

「pまたはq」ではない

は何を意味するかを考えてみます。記号で書けば、

$$\overline{p \vee q}$$

は何を意味するかを考えてみます。

ここに「pまたはq」は、

「aかbが選ばれている」

を意味しているのですから、「pまたはq」ではないは、

「aまたはbが選ばれている」ではない

を意味しています。しかしこれはまた、

「aは選ばれず、bも選ばれず」

を意味しています。すなわち、

$\overline{p}$で、しかも、$\overline{q}$

を意味しています。これを記号で書けば、

$$\overline{p} \wedge \overline{q}$$

を意味しています。

したがって結局、

$$\overline{p \vee q} = \overline{p} \wedge \overline{q}$$

ということになります。

pとqの意味は前のとおりとして、こんどは、「pおよびq」ではない

は何を意味するかを考えてみます。記号でかけば、

$$\overline{p \wedge q}$$

は何を意味するかを考えてみます。

ここに「pおよびq」は、

「aおよびbが選ばれている」

を意味しているのですから、「pおよびq」ではないは、

「aおよびbが選ばれている」ではない

を意味しています。しかしこれはまた、

「aが選ばれていないか、または、bが選ばれていない」

を意味しています。すなわち、

$\bar{p}$、または、$\bar{q}$

を意味しています。これを記号で書けば、

$$\bar{p} \vee \bar{q}$$

を意味しています。

したがって結局、

$$\overline{p \wedge q} = \overline{p} \vee \overline{q}$$

ということになります。

こうして得られた、

$$\overline{p \vee q} = \overline{p} \wedge \overline{q}$$

$$\overline{p \wedge q} = \overline{p} \vee \overline{q}$$

を、ドゥ・モルガンの法則といいます。

これは非常に覚え易い形をしています。すなわち、pとqの離接$\vee$の否定を作るには、pの否定$\overline{p}$と、qの否定$\overline{q}$をとって、それらの合接$\wedge$を作ればよいのです。すなわち$\vee$をひっくり返して$\wedge$とすればよいのです。

また、pとqの合接$\wedge$の否定を作るには、pの否定$\overline{p}$とqの否定$\overline{q}$をとって、それらの離接$\vee$を作ればよいのです。すなわち$\wedge$をひっくり返して$\vee$とすればよいのです。

しかしわれわれは、特殊なpとqを用いてこのドゥ・モルガンの法則を導いてきました。それでは、どんな命題pとqに対してもこのドゥ・モルガンの法則が成り立つことを示すにはどうしたらよいでしょうか。

それにはまずつぎのことに注意するのがよいと私は思います。

われわれは、

命題pの真理集合をP

命題qの真理集合をQ

とすれば、離接、

$p \vee q$　の真理集合は　$P \cup Q$

合接、

$p \wedge q$　の真理集合は　$P \cap Q$

否定、

$\overline{p}$ の真理集合は $\overline{\mathrm{P}}$

であることを知っています。しかも、逆に、結び、

$\mathrm{P} \cup \mathrm{Q}$ を真理集合とする命題は $p \vee q$

交わり、

$\mathrm{P} \cap \mathrm{Q}$ を真理集合とする命題は $p \wedge q$

補集合、

$\overline{\mathrm{P}}$ を真理集合とする命題は $\overline{p}$

ということも成り立ちます。

したがって、命題の間に成り立つドゥ・モルガンの法則、

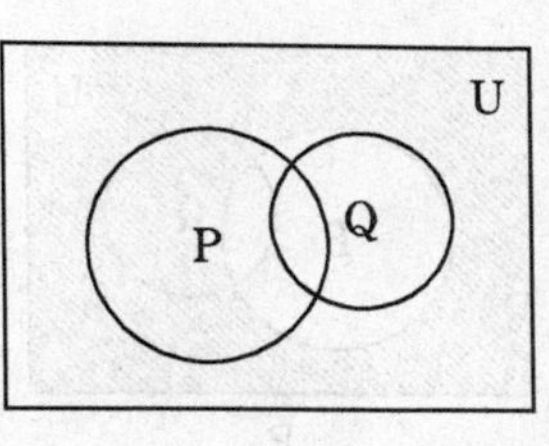

$$\overline{p \vee q} = \overline{p} \wedge \overline{q}$$

$$\overline{p \wedge q} = \overline{p} \vee \overline{q}$$

を証明するには、その真理集合の間に、

$$\overline{P \cup Q} = \overline{P} \cap \overline{Q}$$

$$\overline{P \cap Q} = \overline{P} \cup \overline{Q}$$

という関係が成り立つことを証明すればよいことになります。このことをベン図式を使って証明してみましょう。

まず、右の図のように、全体集合Uのなかに、二つの部分集合PとQがあったとしてみます。

そうしますと、PとQの結びは、下の上図の斜線を施した部分で表わされます。したがって、PとQの結びの補集合は、図の斜線を施した部分で表わされます。

つぎに、Pの補集合$\overline{P}$と、Qの補集合$\overline{Q}$は、それぞれ左の図の斜線を施した部分で表わされます。

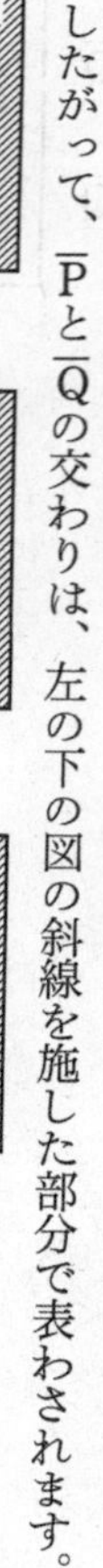

したがって、$\overline{P}$と$\overline{Q}$の交わりは、左の下の図の斜線を施した部分で表わされます。

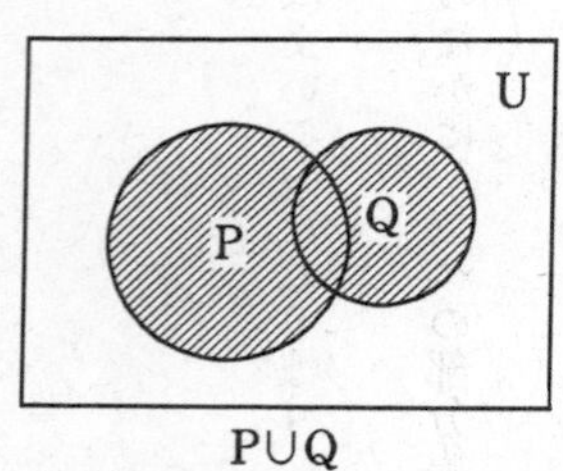

$P \cup Q$

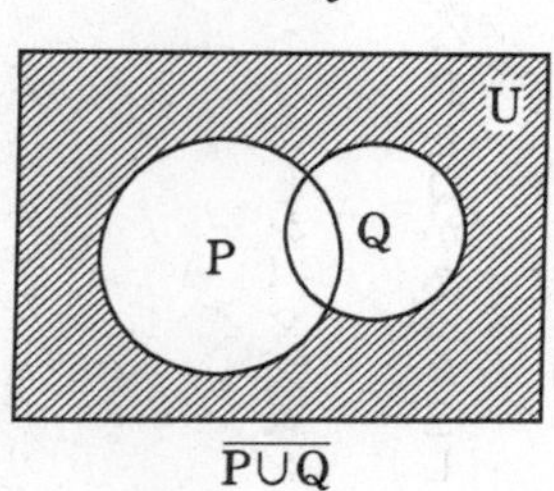

$\overline{P \cup Q}$

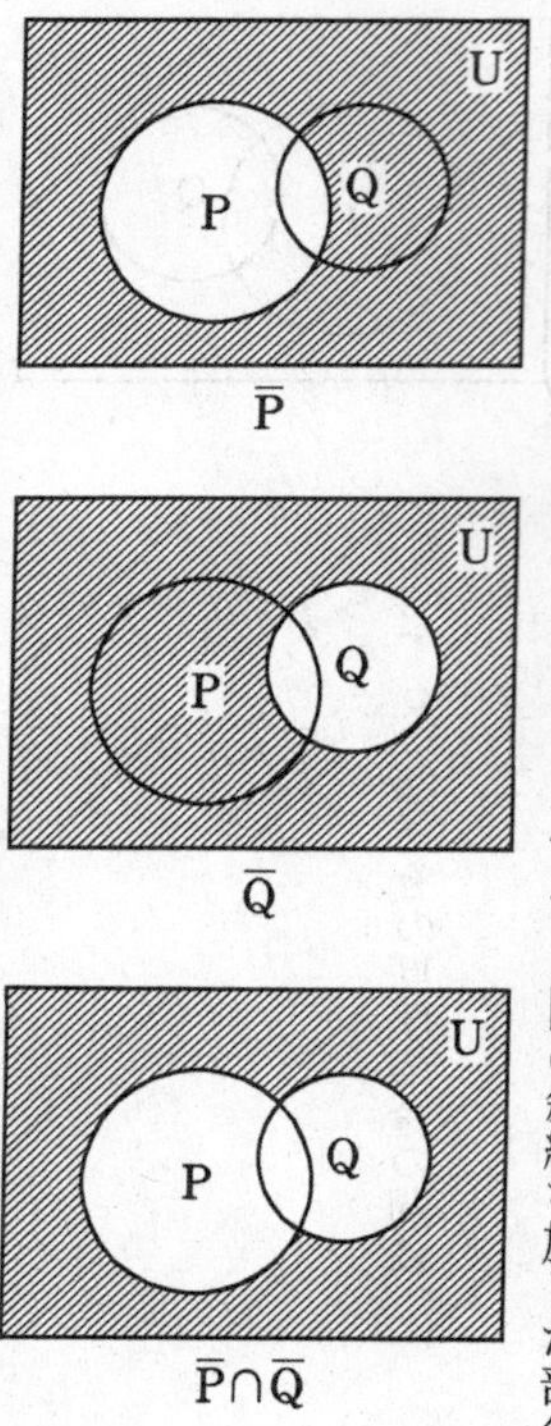

$\overline{P}$

$\overline{Q}$

$\overline{P} \cap \overline{Q}$

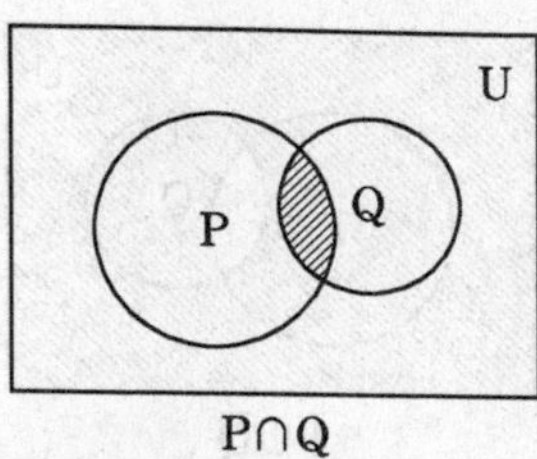

$P \cap Q$

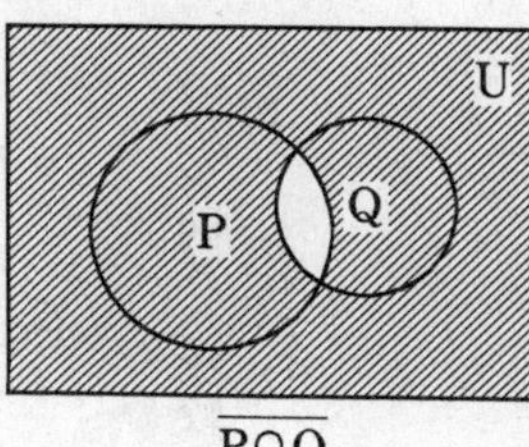

$\overline{P \cap Q}$

さて、こうして得られた、

$$\overline{P \cup Q}$$

$$\overline{P} \cap \overline{Q}$$

のベン図式を比較してみますと、これらはまったく同じものです。これから、

$$\overline{P \cup Q} = \overline{P} \cap \overline{Q}$$

であることがわかります。

さてこんどは、まずPとQの交わりを考えてみます。これは右の上図の斜線を施した部分で表わされます。したがって、PとQの交わりの補集合は、右の下図の斜線を施した部分で表わされます。

つぎに、Pの補集合$\overline{P}$と、Qの補集合$\overline{Q}$は、それぞれ下の図の斜線を施した部分で表わされます。

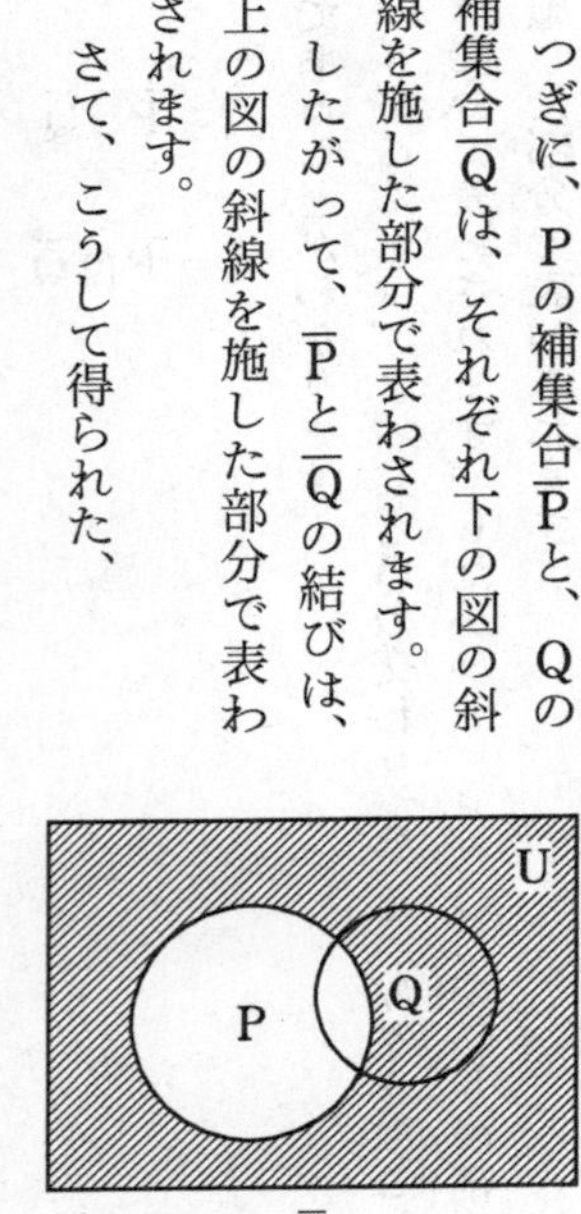

$\overline{P}$

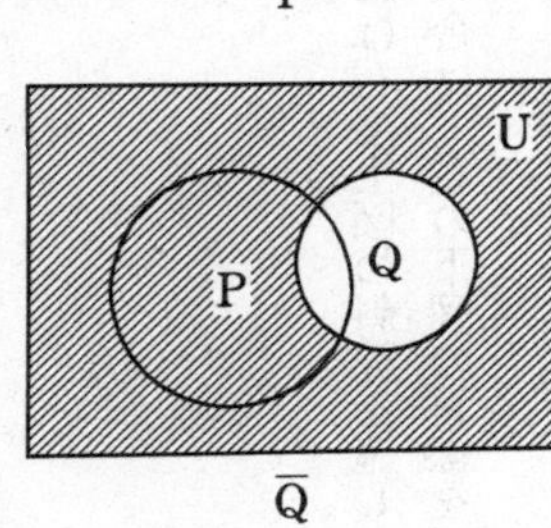

$\overline{Q}$

したがって、$\overline{P}$と$\overline{Q}$の結びは、上の図の斜線を施した部分で表わされます。

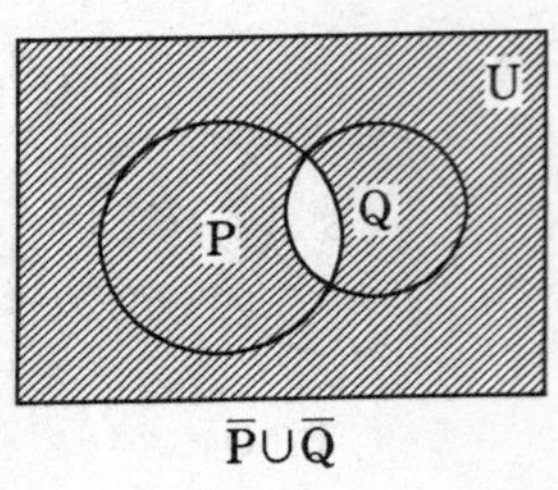

$\overline{P} \cup \overline{Q}$

さて、こうして得られた、

$$\overline{P \cap Q}$$

$$\overline{P} \cup \overline{Q}$$

のベン図式を比較してみますと、これらはまったく同じものです。これから、

$$\overline{P \cap Q} = \overline{P} \cup \overline{Q}$$

であることがわかります。

われわれがここに証明した、集合に関する、

$$\overline{P \cup Q} = \overline{P} \cap \overline{Q}$$

$$\overline{P \cap Q} = \overline{P} \cup \overline{Q}$$

も、ドゥ・モルガンの法則とよばれます。

第5章　確率の定義と性質

1　確率の定義

われわれは第1章でいろいろの例のことをお話したときに、確率という言葉に対して一応の定義を与えました。

しかし、それにつづいていままで、可能性の集合、場合の数の数え方、文章とその真理集合と話をすすめてきましたので、それらにもとづいて、もう一度確率という言葉をちゃんと定義し直してみます。

確率を定義するには、まず、

(1)　可能性の集合Uを決定します。

これはわれわれが第2章でくわしく調べたことです。つぎに、

(2)　可能性の集合の各要素に対して、実情に応じて、全体の和が1になるように、重さとよばれる正の数を対応させます。

たとえば、貨幣を二つ投げる場合には、可能性の集合は、

$$U = \{表表 \quad 表裏 \quad 裏表 \quad 裏裏\}$$

ですが、この場合には、そのどれがおこることも同じ程度に期待されますから、この可能性の集合の各要素に、

$$w(表表) = \frac{1}{4}$$

$$w(表裏) = \frac{1}{4}$$

$$w(裏表) = \frac{1}{4}$$

$$w(裏裏) = \frac{1}{4}$$

という重さを対応させせます。ここにwというのは、重さ（weight）を表わす記号です。

また、サイを一つ投げる場合には、可能性の集合は、

U = {⚀ ⚁ ⚂ ⚃ ⚄ ⚅}

ですが、この場合にも、そのどれがおこることも同じ程度に期待されると考えるのが

ふつうですから、この可能性の集合の各要素に、

$$w(\text{⚀}) = \frac{1}{6}$$
$$w(\text{⚁}) = \frac{1}{6}$$
$$w(\text{⚂}) = \frac{1}{6}$$
$$w(\text{⚃}) = \frac{1}{6}$$
$$w(\text{⚄}) = \frac{1}{6}$$
$$w(\text{⚅}) = \frac{1}{6}$$

という重さを対応させます。

しかし、いま考えているサイは非常に変わったサイであって、おのおのの目の出るチャンスは、その目に比例するように作られているというのであれば、この可能性の集合の各要素に、

$$w(\text{⚀}) = k$$
$$w(\text{⚁}) = 2k$$
$$w(\text{⚂}) = 3k$$
$$w(\text{⚃}) = 4k$$
$$w(\text{⚄}) = 5k$$
$$w(\text{⚅}) = 6k$$

という重さを対応させます。しかし、これらの重さの和は全体で1になるようになっ

ていなければなりません。したがってk、$2k$、$3k$、$4k$、$5k$、$6k$を全部加えて、

$$21k = 1,$$

したがって

$$k = \frac{1}{21}$$

でなければなりません。したがって、

$$w(\text{⚀}) = \frac{1}{21}$$

$$w(\text{⚁}) = \frac{2}{21}$$

$$w(\text{⚂}) = \frac{3}{21}$$

$$w(\text{⚃}) = \frac{4}{21}$$

$$w(\text{⚄}) = \frac{5}{21}$$

$$w(\text{⚅}) = \frac{6}{21}$$

ということになります。

また、a、b、cという三人の人を横に並べる場合には、可能性の集合は、

$$U = \{abc, acb, bac, bca, cab, cba\}$$

でしたが、もしこれらがすべて同じように期待されるというのであれば、

$$w(\mathrm{abc}) = \frac{1}{6}$$

$$w(\mathrm{acb}) = \frac{1}{6}$$

$$w(\mathrm{bac}) = \frac{1}{6}$$

$$w(\mathrm{bca}) = \frac{1}{6}$$

$$w(\mathrm{cab}) = \frac{1}{6}$$

$$w(\mathrm{cba}) = \frac{1}{6}$$

とします。

また、五人の人a、b、c、d、eのうちから二人の人を選ぶという場合には、可能性の集合は、

$$U = \{ab, ac, ad, ae, bc, bd, be, cd, ce, de\}$$

です。したがって、これらの場合はすべて同じ程度に期待されるというのであれば、

$$w(ab)=\frac{1}{10}$$
$$w(ac)=\frac{1}{10}$$
$$w(ad)=\frac{1}{10}$$
$$w(ae)=\frac{1}{10}$$
$$w(bc)=\frac{1}{10}$$
$$w(bd)=\frac{1}{10}$$
$$w(be)=\frac{1}{10}$$
$$w(cd)=\frac{1}{10}$$
$$w(ce)=\frac{1}{10}$$
$$w(de)=\frac{1}{10}$$

とします。

しかし、もしこれが、五人の人a、b、c、d、eが定員二人の選挙に立候補しているのであり、そのうちのaは非常に有力な候補者であるというのであれば、そのときの状勢に応じて、

$$w(ab)=\frac{1}{6}$$
$$w(ac)=\frac{1}{6}$$
$$w(ad)=\frac{1}{6}$$
$$w(ae)=\frac{1}{6}$$
$$w(bc)=\frac{1}{18}$$
$$w(bd)=\frac{1}{18}$$
$$w(be)=\frac{1}{18}$$
$$w(cd)=\frac{1}{18}$$
$$w(ce)=\frac{1}{18}$$
$$w(de)=\frac{1}{18}$$

とする方が実状に合うことがあるかも知れません。

さて、こうして可能性の集合が定まり、そのおのおの要素に全体の和が1になるように重さwが与えられたならば、つぎに、

(3) 可能性の集合の一つの部分集合Pに対して、Pに属する要素の重さを全部加えたものを、部分集合Pの測度とよんで、

$$m(\mathrm{P})$$

で表わします。ここにmは、測度（measure）を表わす記号です。

たとえば、貨幣を二つ投げる場合には、全体集合は、

U＝{表表　表裏　裏表　裏裏}

ですから、このすべての要素に1/4という重さを与えた場合には、部分集合、

P＝{表裏　裏表}

の測度は、

$$m(\mathrm{P}) = w(\text{表裏}) + w(\text{裏表}) = \frac{1}{4} + \frac{1}{4} = \frac{1}{2}$$

です。

また、サイを一つ投げる場合には、可能性の集合は、

U ＝ {⚀ ⚁ ⚂ ⚃ ⚄ ⚅}

ですから、このすべての要素に$\frac{1}{6}$という重さを与えた場合には、部分集合、

Q ＝ {⚀ ⚁}

の測度は、

$$\begin{aligned} m(\mathrm{Q}) &= w(\text{⚀}) + w(\text{⚁}) \\ &= \frac{1}{6} + \frac{1}{6} \\ &= \frac{2}{6} \\ &= \frac{1}{3} \end{aligned}$$

です。もしまた、各要素に、

$$w(\text{⚀}) = \frac{1}{21}$$

$$w(\text{⚁}) = \frac{2}{21}$$

$$w(\text{⚂}) = \frac{3}{21}$$

$$w(\text{⚃}) = \frac{4}{21}$$

$$w(\text{⚄}) = \frac{5}{21}$$

$$w(\text{⚅}) = \frac{6}{21}$$

という重さを与えたというのであれば、

$$
\begin{aligned}
&m(\mathrm{Q})\\
&= w(\text{⚀}) + w(\text{⚁})\\
&= \frac{1}{21} + \frac{2}{21}\\
&= \frac{3}{21}\\
&= \frac{1}{7}
\end{aligned}
$$

です。

また、a、b、cという三人の人を横に並べる場合には、可能性の集合は、

$$
\mathrm{U} = \{\mathrm{a\,b\,c},\ \mathrm{a\,c\,b},\ \mathrm{b\,a\,c},\ \mathrm{b\,c\,a},\ \mathrm{c\,a\,b},\ \mathrm{c\,b\,a}\}
$$

ですが、もしこれらの要素すべてに$\frac{1}{6}$という重さを与えてあれば、部分集合、

$$
\mathrm{R} = \{\mathrm{b\,a\,c},\ \mathrm{c\,a\,b}\}
$$

の測度は、

$$m(\mathrm{R}) = w(\mathrm{bac}) + w(\mathrm{cab}) = \frac{1}{6} + \frac{1}{6} = \frac{2}{6} = \frac{1}{3}$$

です。

また、五人の人a、b、c、d、eのうちから二人の人を選ぶという場合には、可能性の集合は、

U＝{ab, ac, ad, ae, bc, bd, be, cd, ce, de}

ですが、もしこれらすべての要素に$\frac{1}{10}$という重さを与えるというのであれば、部分集合、

$S = \{ab, ac, ad, ae\}$ の測度は、

$$
\begin{aligned}
m(S) &= w(ab) + w(ac) + w(ad) + w(ae) \\
&= \frac{1}{10} + \frac{1}{10} + \frac{1}{10} + \frac{1}{10} \\
&= \frac{4}{10} \\
&= \frac{2}{5}
\end{aligned}
$$

です。しかし、

$$
\begin{aligned}
w(ab) &= \frac{1}{6} \\
w(ac) &= \frac{1}{6} \\
w(ad) &= \frac{1}{6} \\
w(ae) &= \frac{1}{6} \\
w(bc) &= \frac{1}{18} \\
w(bd) &= \frac{1}{18} \\
w(be) &= \frac{1}{18} \\
w(cd) &= \frac{1}{18} \\
w(ce) &= \frac{1}{18} \\
w(de) &= \frac{1}{18}
\end{aligned}
$$

という重さを与えるというのであれば、

$$
\begin{aligned}
m(\mathrm{S}) &= w(\mathrm{ab}) + w(\mathrm{ac}) + w(\mathrm{ad}) + w(\mathrm{ae}) \\
&= \frac{1}{6} + \frac{1}{6} + \frac{1}{6} + \frac{1}{6} \\
&= \frac{4}{6} \\
&= \frac{2}{3}
\end{aligned}
$$

です。

さて、可能性の集合が定められ、そのおのおのの要素に重さが与えられ、したがってその各部分集合に対して測度が与えられたならば、

(4) 一つの命題 p の確率を、この命題 p の真理集合Pの測度であるとして、これを、

$\mathrm{Pr}(p)$

で表わします。ここにPrというのは、確率（Probability）を表わすものです。したがって、

$$\Pr(p) = m(\mathrm{P})$$

です。

たとえば、貨幣を二つ投げる場合には、全体集合は、

$$\mathrm{U} = \{表表\quad 表裏\quad 裏表\quad 裏裏\}$$

ですが、この要素すべてに$1/4$という重さを与えておきます。このとき、命題、

p「一方が表で他方は裏である」

の真理集合は、

$$\mathrm{P} = \{表裏\quad 裏表\}$$

です。したがって、命題pの確率は、

$$\begin{aligned}\Pr(p) &= m(\mathrm{P}) \\ &= w(\text{表裏}) \\ &\quad + w(\text{裏表}) \\ &= \frac{1}{4} + \frac{1}{4} \\ &= \frac{1}{2}\end{aligned}$$

です。これは第1章で与えた定義とよく合っています。

また、サイを一つ投げる場合には、可能性の集合は、

U = {⚀ ⚁ ⚂ ⚃ ⚄ ⚅}

ですが、まずこれらすべての要素に$\frac{1}{6}$という重さを与えた場合を考えます。このとき、命題、

q「3より小さい目がでる」

の真理集合は、

$$Q = \{\text{⚀}\ \text{⚁}\}$$

です。したがって命題qの確率は、

$$\begin{aligned}\Pr(q) &= m(Q) \\ &= w(\text{⚀}) + w(\text{⚁}) \\ &= \frac{1}{6} + \frac{1}{6} \\ &= \frac{2}{6} \\ &= \frac{1}{3}\end{aligned}$$

です。これも第1章の定義とよく合っています。しかし、もし、

$$w(\text{⚀}) = \frac{1}{21}$$
$$w(\text{⚁}) = \frac{2}{21}$$
$$w(\text{⚂}) = \frac{3}{21}$$
$$w(\text{⚃}) = \frac{4}{21}$$
$$w(\text{⚄}) = \frac{5}{21}$$
$$w(\text{⚅}) = \frac{6}{21}$$

という重さを与えておいたというのであれば、

$$
\begin{aligned}
&\mathrm{Pr}(q)\\
&= m(\mathrm{Q})\\
&= w(\text{⚀}) + w(\text{⚁})\\
&= \frac{1}{21} + \frac{2}{21}\\
&= \frac{3}{21}\\
&= \frac{1}{7}
\end{aligned}
$$

です。

また、a、b、cという三人を横に並べる場合には、可能性の集合は、

$$
\mathrm{U} = \{\mathrm{abc},\ \mathrm{acb},\ \mathrm{bac},\ \mathrm{bca},\ \mathrm{cab},\ \mathrm{cba}\}
$$

ですが、まずこれらすべての要素に$\frac{1}{6}$という重さを与えておきます。このとき、

命題、

r「aが真ん中にいる」

の真理集合は、

$$R = \{bac, cab\}$$

です。したがって命題 r の確率は、

$$\Pr(r) = m(R) = w(bac) + w(cab) = \frac{1}{6} + \frac{1}{6} = \frac{2}{6} = \frac{1}{3}$$

です。これは第1章の定義とよく合っています。

また、五人の人a、b、c、d、eのうちから二人の人を選ぶという場合には、可能性の集合は、

$$U = \{ab, ac, ad, ae, bc, bd, be, cd, ce, de\}$$

ですが、まずこれらすべての要素に$\frac{1}{10}$という重さを与えてみます。このとき、命題、

s「aが選ばれている」

の真理集合は、

$$S = \{ab,\ ac,\ ad,\ ae\}$$

です。したがって命題sの確率は、

$$\begin{aligned}
\Pr(s) &= m(S) \\
&= w(ab) + w(ac) \\
&\quad + w(ad) + w(ae) \\
&= \frac{1}{10} + \frac{1}{10} + \frac{1}{10} + \frac{1}{10} \\
&= \frac{4}{10} \\
&= \frac{2}{5}
\end{aligned}$$

です。これも第1章の定義とよく合っています。

しかし、もし、

$$w(\mathrm{ab}) = \frac{1}{6}$$
$$w(\mathrm{ac}) = \frac{1}{6}$$
$$w(\mathrm{ad}) = \frac{1}{6}$$
$$w(\mathrm{ae}) = \frac{1}{6}$$
$$w(\mathrm{bc}) = \frac{1}{18}$$
$$w(\mathrm{bd}) = \frac{1}{18}$$
$$w(\mathrm{be}) = \frac{1}{18}$$
$$w(\mathrm{cd}) = \frac{1}{18}$$
$$w(\mathrm{ce}) = \frac{1}{18}$$
$$w(\mathrm{de}) = \frac{1}{18}$$

という重さを与えておいたというのであれば、

$$\begin{aligned}
&\Pr(s) \\
&= m(\mathrm{S}) \\
&= w(\mathrm{ab}) + w(\mathrm{ac}) \\
&\quad + w(\mathrm{ad}) + w(\mathrm{ae}) \\
&= \frac{1}{6} + \frac{1}{6} + \frac{1}{6} + \frac{1}{6} \\
&= \frac{4}{6} \\
&= \frac{2}{3}
\end{aligned}$$

です。

2　確率の性質

前節でわれわれは、一つの命題 p の確率とは、その命題の真理集合Pの測度のことであると定義しました。すなわち、

$$\Pr(p) = m(\mathrm{P})$$

と定義しました。したがって、確率の性質を調べるには、真理集合の測度の性質を調べればよいわけです。

以下に、集合の測度の性質をあげてみます。まず、

(1)　集合Xが空集合であるとき、およびそのときに限り、その測度は0です。

なぜなら、もし集合Xが空集合であれば、それは要素を一つも含まないのですから、加えるべき重さがなく、したがってその測度は0です。

逆に、もしある集合の測度が0であったならば、その集合は要素を含むことができ

ません。なぜなら、もし要素を一つでも含めば、その要素の重さ(これは正の数です)の和、すなわち測度は正となるからです。

(2)　集合Xが全体集合であるとき、およびそのときに限り、その測度は1です。なぜなら、集合Xが全体集合であれば、その測度、すなわちその全部の要素の重さの和は1です。

逆に、集合Xの測度が1であれば、すべての要素の重さが加えられているはずですから、Xは全体集合と一致します。

(3)　全体集合Uの、任意の部分集合の測度は、両端を含めて0と1の間の数です。なぜなら、全体集合の要素すべての重さ(これらは正の数です)を加えたものが1ですから、その部分集合の要素の重さを加えたものは、0と1の間にあるからです。この場合0も1も入れての話です。

(4)　二つの部分集合XとYの測度に関して上の式が成り立ちます。われわれは、集合の要素の数のところでこれと似た式を証明しましたが、この場合にもそれと同様の考え方があてはまります。

$$m(X \cup Y) = m(X) + m(Y) - m(X \cap Y)$$

まず、集合XとYの結びの測度というのは、XとYの結びに入っている要素の重さを全部加えたものです。

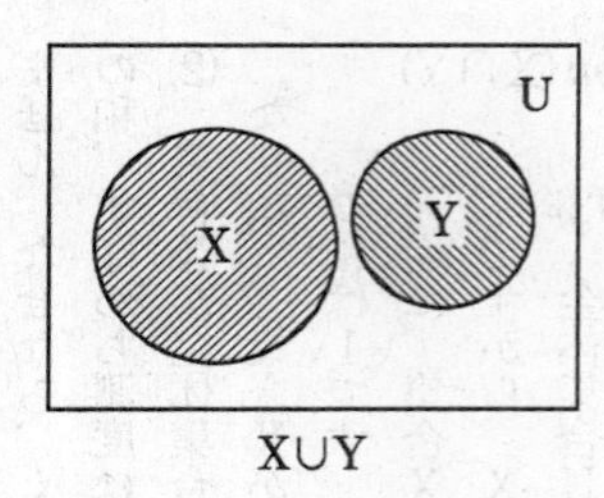

X∪Y

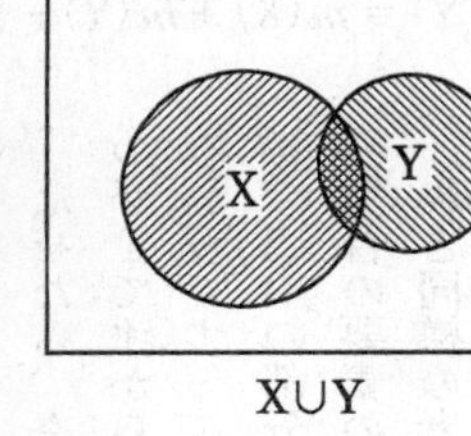

X∪Y

$$m(\mathrm{X})+m(\overline{\mathrm{X}})=1$$

$$m(\mathrm{X}\cup\mathrm{Y})=m(\mathrm{X})+m(\mathrm{Y})$$

これを求めるために、Xの測度とYの測度を加えますと、上の右図からもわかりますように、XとYの交わりに入っている要素の重さは二度加えたことになってしまいます。

したがって、集合XとYの結びの測度は、Xの測度とYの測度を加えたものから、XとYの交わりの測度を引いたものになります。

この場合、もし集合XとYに共通部分がありませんと、XとYの交わりは空集合です。空集合の測度は0なのですから、この場合には前の公式は上の右の式のようになります。

(5) 一つの部分集合Xと、その全体集合Uに関する補集合$\overline{\mathrm{X}}$の測度に関して上の左の式が成り立ちます。

なぜかといいますと、Xの測度はXの要素の重さを全部加えたものです。また$\overline{\mathrm{X}}$の測度は、$\overline{\mathrm{X}}$の要素の重さを全部加えたものです。したがってこれら二つを加えたものは、全体集合の要素の重さを全部加えたものに等しくなります。したがってそれは1です。

一つの集合Xと、その補集合$\overline{X}$とは共通な要素をもっていません。したがってXと$\overline{X}$の交わりは空集合です。このことを考慮に入れれば、これは前に証明した(4)でYの代わりに$\overline{X}$とおいても得られます。

さて、命題pの確率というのは、pの真理集合Pの測度のことでした。また命題qの確率はqの真理集合Qの測度のことでした。したがって右にのべたことは、これを確率についての言葉に翻訳できます。

(1)　命題pがつねに偽であるとき、すなわち命題pの主張することは決しておこらないとき、およびそのときに限り、pの確率は0です。

なぜかといいますと、命題pがつねに偽であれば、その真理集合は空集合です。したがってその測度は0です。したがって命題pの確率は0です。

逆に、命題pの確率が0であれば、pの真理集合Pの測度は0です。したがってPは空集合です。これはpが絶対におこらないこと、したがってpはつねに偽であることを示しているからです。

(2)　命題pがつねに真であれば、すなわち命題pの主張することがつねにおこると

$$\Pr[p \vee q] = \Pr[p] + \Pr[q] - \Pr[p \wedge q]$$
$$\Pr[p \vee q] = \Pr[p] + \Pr[q]$$

き、およびそのときに限り、pの確率は1です。

なぜかといいますと、命題pがつねに真であれば、その真理集合は全体集合です。したがってその測度は1です。したがって命題pの確率は1です。

逆に、命題pの確率が1であれば、その真理集合の測度は1です。したがってそれは全体集合です。したがって命題pはつねに真であるからです。

(3) 任意の命題pの確率は、両端を含めて、0と1の間の数です。

任意の命題pの確率は、pの真理集合Pの測度です。ところが、任意の集合の測度は、両端を含めて0と1の間の数です。したがって任意の命題の確率も0と1の間の数です。

(4) 二つの命題pとqに関して、上の第一式が成り立ちます。すなわち、

pまたはqという命題の確率は、pの確率とqの確率を加えたものから、pおよびqの確率を引いたものに等しくなります。

なぜかといいますと、命題pの真理集合をP、命題qの真理集合をQとしますと、命題pまたはqの真理集合はPとQの結び、命題pおよび

qの真理集合はPとQの交わりです。ところがこれらの集合の測度に関してはこれに対応する式が成り立っています。したがってこれらの測度の式を、確率の式に翻訳すれば証明すべき前ページの第一式が得られるからです。

この場合、もしpとqが同時に真になることがなければ、すなわち、pおよびqということがつねに偽であれば、そのときには前ページの第二式が成立します。なぜかといいますと、その場合にはpとqは同時に真となることはなく、したがってpおよびqという命題はつねに偽ですから、その確率は0です。したがって第一式から第二式が導かれるからです。

なお、二つの命題pとqが同時に真とはなり得ない場合には、pとqは互いに連立不可能であるといいます。前ページの第二の公式は、pとqが連立不可能のときに成り立つ公式のことです。これを確率の加法定理といいます。

(5)　一つの命題pと、その否定$\overline{p}$に関して上の式が成り立ちます。

なぜかといいますと、命題pの真理集合をPとしますと、命題pの否定$\overline{p}$の真理集合は、Pの補集合$\overline{\mathrm{P}}$です。ところがPの測度と$\overline{\mathrm{P}}$の測度との間には上の関係に対応する式が成り立っています。したがってこれをそのまま確率の式に翻訳しますと、証明すべき式が得られます。

$$\Pr[p]+\Pr[\overline{p}]=1$$

3 応用問題

われわれは、確率の性質をかなり知ることができましたから、それらを用いて少し応用問題をやってみましょう。

(1) 貨幣を三つ投げる。少なくとも一枚が表を出す確率を求む。

この場合の可能性の集合が、

U＝{表表表　表表裏　表裏表　表裏裏　裏表表　裏表裏　裏裏表　裏裏裏}

であることをわれわれは知っています。また、この全体集合の各要素に対して、すべて同じ重さ$\frac{1}{8}$を与えることは妥当です。

さて、命題、

p 少なくも一枚は表を出す

の真理集合は、

$$\mathrm{P}=\{表表表,\ 表表裏,\ 表裏表,\ 表裏裏,\ 裏表表,\ 裏表裏,\ 裏裏表\}$$

であることは明らかです。したがって、命題pの確率は、Pの測度、すなわちPの要素の重さを全部加えた、

$$\Pr[p]=\frac{7}{8}$$

です。

しかしこれはつぎのようにも解けます。命題、

p　少なくも一枚は表を出す

に対して、その否定を考えますと、

$\neg p$　全部が裏を出す

です。ところがこの$\neg p$の真理集合$\neg\mathrm{P}$は、

$$\overline{P} = \{\text{裏裏裏}\}$$

ですから、その測度は$\frac{1}{8}$です。したがって、

$$\Pr[\overline{p}] = \frac{1}{8}$$

です。したがって、

$$\begin{aligned}\Pr[p] &= 1 - \Pr[\overline{p}] \\ &= 1 - \frac{1}{8} \\ &= \frac{7}{8}\end{aligned}$$

です。

(2) サイを一つ投げる。2で割り切れる目か、3で割り切れる目の出る確率を求む。

この場合の可能性の集合が、

$$U = \{⚀\ ⚁\ ⚂\ ⚃\ ⚄\ ⚅\}$$

であることをわれわれは知っています。また、この全体集合の各要素に対して、すべて同じ重さ$\frac{1}{6}$を与えることも妥当です。

さて、命題、

p　2で割り切れる目がでる

の真理集合は、

$$P = \{⚁\ ⚃\ ⚅\}$$

です。また、命題、

q　3で割り切れる目がでる

の真理集合は、

$$Q = \{⚂, ⚅\}$$

です。したがって、

$$\Pr[p] = \frac{1}{2}$$

$$\Pr[q] = \frac{1}{3}$$

です。しかも、pおよびq 2でも3でも割り切れる目がでる、すなわち6の目がでるの真理集合は、

$$P \cap Q = \{⚅\}$$

です。したがって、

$$\Pr[p \land q] = \frac{1}{6}$$

です。したがって、

$$\begin{aligned} &\Pr[p \lor q] \\ &= \Pr[p] + \Pr[q] - \Pr[p \land q] \\ &= \frac{1}{2} + \frac{1}{3} - \frac{1}{6} \\ &= \frac{4}{6} \\ &= \frac{2}{3} \end{aligned}$$

(3) サイを二つ投げる。目の和が5であるか、または6である確率を求む。

この場合の全体集合Uが、

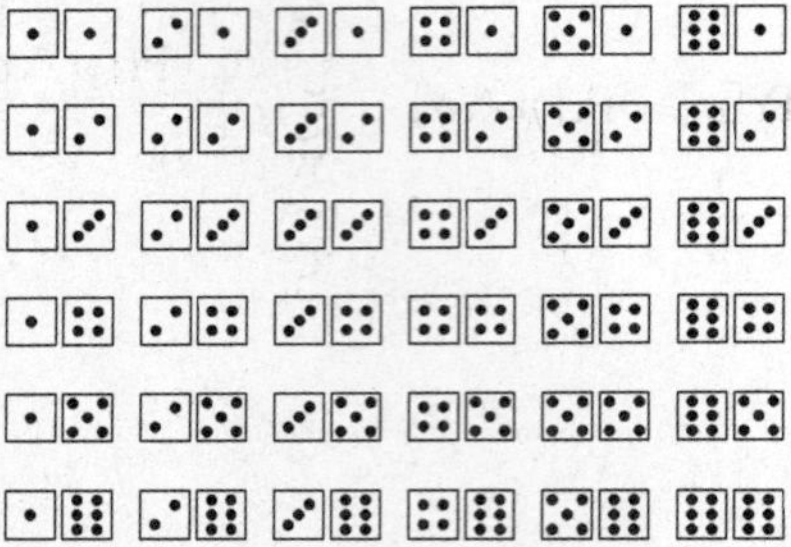

であることをわれわれは知っています。われわれは、これら三六個の要素にすべて等

しい$\frac{1}{36}$という重さを与えます。

さて、命題、

p　目の和が5である

の真理集合は、

$$P = \{⚀⚃,\ ⚁⚂,\ ⚂⚁,\ ⚃⚀\}$$

です。また、命題、

q　目の和が6である

の真理集合は、

$$Q = \{⚀⚄,\ ⚁⚃,\ ⚂⚂,\ ⚃⚁,\ ⚄⚀\}$$

です。したがって、

$$\Pr[p] = \frac{4}{36}$$

$$\Pr[q] = \frac{5}{36}$$

です。

ところが、命題pとqとは連立不可能です。なぜなら、目の和が5であるということと、目の和が6であるということは同時におこり得ないからです。したがって、命題pまたはqの確率は、

$$\begin{aligned}&\Pr[p \vee q]\\&= \Pr[p] + \Pr[q]\\&= \frac{4}{36} + \frac{5}{36}\\&= \frac{9}{36}\\&= \frac{1}{4}\end{aligned}$$

(4) ある学生が、英語と数学に合格するかどうかを心配しています。彼自身の評価に

よれば、彼が英語に合格する確率は0.8です。また、英語と数学の少なくも一方に合格する確率は0.9ですが、英語と数学の両方に合格する確率は0.6です。彼が数学に合格する確率はいくらでしょう。

この場合、

p　英語に合格する

q　数学に合格する

としますと、わかっているのは、

$$\Pr[p \lor q] = 0.9$$
$$\Pr[p] = 0.8$$
$$\Pr[p \land q] = 0.6$$

ということです。

そこでこれらの式を、すでに学んだ公式に代入しますと、

$$\Pr[p \vee q] = \Pr[p] + \Pr[q] - \Pr[p \wedge q]$$

$$0.9 = 0.8 + \Pr[q] - 0.6$$

したがって

$$\Pr[q] = 0.9 - 0.8 + 0.6$$
$$= 0.7$$

したがってこの学生が数学に合格する確率は0.7です。

(5) ある学校では、点を優、良、可、不可でつけます。もちろん、優、良、可の三つが合格で、不可は落第です。

ある学生は、ある科目に合格するのに0.9という確率をもっていますが、優より下の成績をとる0.6という確率をもっています。この学生が良か可をとる確率はいくらでしょう。

この場合、

p　この科目に合格する

q　優より下の成績をとる

としますと、

pまたはq　この科目に合格するか、または優より下の成績をとる

となりますから、これはいつも真の命題です。したがってその確率は1です。また、

pおよびq　この科目に合格して、優より下の成績をとる

ですから、結局、

pおよびq　良か可をとる

となりますから、この問題が求めているのはこのpおよびqの確率ということになります。

さて、われわれは、

右に書いた三つの値を知っているのですから、これらをわれわれのすでに知っている公式（上から四行目の式）に代入して計算しますと、pおよびqの確率が求まります。すなわちこの学生が良か可をとる確率は0.5ということになります。

$$\Pr[p \vee q] = 1$$
$$\Pr[p] = 0.9$$
$$\Pr[q] = 0.6$$

$$\Pr[p \vee q] = \Pr[p] + \Pr[q] - \Pr[p \wedge q]$$
$$1 = 0.9 + 0.6 - \Pr[p \wedge q]$$
$$\Pr[p \wedge q] = 0.9 + 0.6 - 1$$
$$= 0.5$$

(6)　命題 p と q に関して、

$$\Pr[p] = 0.8$$
$$\Pr[q] = 0.6$$
$$\Pr[p \wedge q] = 0.5$$

であることがわかっています。

このとき、命題、p でなく、しかも、q でないの確率はいくらでしょう。

$$\Pr[p \vee q]$$
$$= \Pr[p] + \Pr[q] - \Pr[p \wedge q]$$
$$= 0.8 + 0.6 - 0.5$$
$$= 0.9$$

まず、前と同じ公式を使って p または q という命題の確率を求めますと上のようになります。すなわち、p または q の確率は0.9ということになります。

さて、この p または q という命題と、確率を求めるべき p でなく、しかも、q でないという命題、すなわち $\neg p$ および $\neg q$ という命題の間には、ドゥ・モルガンの法則によって、

$$\overline{p \vee q}$$
$$= \overline{p} \wedge \overline{q}$$

という関係のあることをわれわれは知っています。

ところが、ある命題の確率とその否定の確率を加えたものは1ですから、

$$\mathrm{Pr}[p \vee q] + \mathrm{Pr}[\overline{p \vee q}] = 1$$
$$\mathrm{Pr}[p \vee q] + \mathrm{Pr}[\overline{p} \wedge \overline{q}] = 1$$
$$0.9 + \mathrm{Pr}[\overline{p} \wedge \overline{q}] = 1$$

よって

$$\mathrm{Pr}[\overline{p} \wedge \overline{q}] = 0.1$$

右のようになって、求める確率は0.1であるのがわかります。

4　条件確率

まず例をあげてみましょう。
貨幣を二つ投げるとき、可能性の集合は、

$$U = \{表表　表裏　裏表　裏裏\}$$

でした。このとき、命題、
q　二つとも表である
の確率は、明らかに、

$$\Pr[q] = \frac{1}{4}$$

です。

これは、貨幣を二つ投げるというだけで、その他にはなんら付加的な情報のない場合の話ですが、もし、

p　そのうちの一方は表である

という付加的な情報があるときに、q　すなわち二つともが表であるということの確率はどうなるかを考えてみましょう。

この場合には、全体集合は、最初のUから、pの真理集合、

P＝{表表　裏表　表裏}

に縮小されているわけです。Uの四つの要素が同様に期待されるとすれば、このPの三つの要素も同様に期待されると考えるのは当然です。したがって、

p　そのうちの一方は表である

という付加的な情報が加わった場合の

q　二つともが表である

という命題の確率は$\frac{1}{3}$であるということになります。

$$\Pr[q|p] = \frac{1}{3}$$

このように、pという情報を得たのちのqの確率を条件確率とよんで上の記号で表わします。これは、pが与えられたときのqの確率とよまれます。

さらに例をあげてみましょう。サイを一個投げるとき、可能性の集合は、

U = {⚀ ⚁ ⚂ ⚃ ⚄ ⚅}

でした。このとき、命題、

q　5の目がでる

の確率は、明らかに、

$$\Pr[q] = \frac{1}{6}$$

です。

これは、サイを一つ投げるというだけで、その他にはなんら付加的な情報のない場合の話です。しかし、もし、

p　出た目は2より大きい

という付加的な情報があるとき、*q*すなわち5の目がでているということの確率はいくらでしょう。

この場合には、全体集合は、最初のUから、*p*の真理集合、

P＝{⚂　⚃　⚄　⚅}

へ縮小されているわけです。Uの六つの要素がすべて同様に期待されるとすれば、このPの四つの要素も同様に期待されると考えるのは当然でしょう。したがって、

q　出た目は2より大きい

という付加的な情報が加わった場合の、

q　5の目がでている

という命題の確率は$1/4$であるということになります。すなわちこの場合の条件確率は、

$$\Pr[q|p] = \frac{1}{4}$$

です。

さてわれわれは、以上二つの例で説明したことに対して、それらを含む一般論を展開してみたいと思います。

まず最初に、一つの全体集合が与えられ、その各要素に対して全体の和が1になるように正の重さが与えられ、したがって全体集合Uの各部分集合に対して、それに属するすべての要素の重さの和としての測度が与えられていると考えます。

この場合一つの命題qの確率は、qの真理集合Qの測度と定義されます。すなわち、

$$\Pr[q] = m(\mathrm{Q})$$

です。

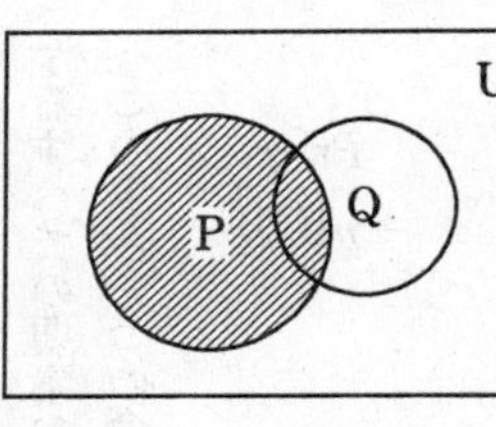

さて、いまここに、一つの命題pは真であるという付加的な情報が得られたとしてみます。このとき、全体集合は、Uからpの真理集合Pへ縮小されます。これは上のベン図式をみていただきますとよくわかります。

さてわれわれは、最初の全体集合Uのなかで定義された一つの測度mをもっていました。ところが、命題pは真であるという情報がつけ加われば、全体集合はUからpの真理集合Pへ縮小されるのですから、われわれは、この新しい全体集合Pのなかでの新しい測度m'を定義しなければなりません。

この場合、Pの任意の部分集合Xに対して、Uでの測度mとPでの測度m'が比例していると考えるのは自然でしょう。そこでわれわれは、

$$m'(X) = km(X)$$

とおきます。ここにkは一つの定数です。

われわれはこのkをきめなければなりません。そこで、このXの代わりにPを代入してみますと、

$$m'(\mathrm{P}) = km(\mathrm{P})$$

となります。ところが、m'はPを全体集合と考えたときの測度です。したがってこれに関するPの測度は1です。したがって、

$$1 = km(\mathrm{P})$$

$$k = \frac{1}{m(\mathrm{P})}$$

となります。したがって、

$$m'(X) = \frac{m(X)}{m(P)}$$

です。すなわち、新しい測度m'は、古い測度mに、

$$\frac{1}{m(P)}$$

を掛けたものに等しいわけです。この分母は1より小さい数ですから、この数自身は1より大きい数です。したがってこの式は、pが真であるという付加的な情報が加われば、新しい測度はこの数をかけただけ一様に増すことになります。

さて、われわれの考えているのは、pが真であるという情報のもとでのqの確率です。

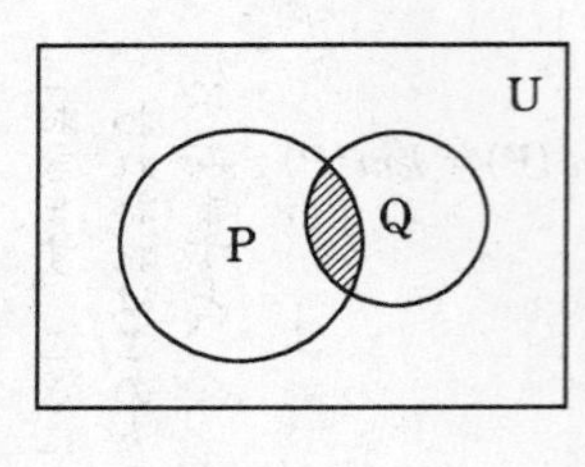

これは上のベン図式をみていただけばわかりますように、Pを全体集合と思ったときのPとQの交わりの測度、すなわち、

$$m'(P\cap Q)$$

を求めることになります。

したがって、前に得たmとm'の関係のXのところへ、PとQの交わりを代入しますと、

$$m'(P\cap Q)=\frac{m(P\cap Q)}{m(P)}$$

となります。これを確率の言葉に翻訳しますと、

$$\Pr[q|p]=\frac{\Pr[p\wedge q]}{\Pr[p]}$$

となります。これが、pが与えられたときのqの条件確率を与える公式です。

さて、ここまでの議論のなかには、

$m(\mathrm{P})$

$\mathrm{Pr}[p]$

が式の分母に現われています。したがってこれらがもし0になることがあると、右の議論はだめになってしまいます。

しかし、Pの測度が0になるのは、Pが空集合になるときです。これは、pという命題がつねに偽であることを意味しています。またpの確率が0になるのは、pが絶対おこらないときです。すなわちpがつねに偽のときです。

したがって、まったく当たり前のことではありますが、pという情報は、それが絶対おこらないものではない、という条件が必要なわけです。

この条件確率の公式は、さらに、

$$\Pr[p \wedge q] = \Pr[p]\Pr[q|p]$$

と書き直せますが、この式は、pおよびqの確率は、pの確率に、pが与えられたときのqの確率を掛けたものに等しいことを示しています。これは確率の乗法定理とよばれることがあります。

さて、右の条件確率の話で、最も興味のある場合は、

$$\Pr[q|p] = \Pr[q]$$

という場合です。すなわち、qの確率が、情報pには無関係であるという場合です。

この場合、qはpと独立であるといいます。

この場合には、前の公式から、

$$\Pr[p \wedge q] = \Pr[p]\Pr[q]$$

が得られます。また逆にこの式が成り立てば、qがpと独立であることも明らかです。ところがこの式は、pとqに関して対称な形をしていますから、qがpと独立であれば、pはqと独立です。すなわちpとqとは互いに独立です。

pとqが独立かどうかは、右の式が成り立つかどうかで判断できます。

第6章　有名な例

さて、話に数学の式がでてきて、話がちょっと固くなってしまったようですから、こんどは、確率の話のなかで有名な例をいくつかあげてみましょう。

まず最初に、確率論の端緒を開いたといわれているパスカルと賭けの話をしてみましょう。

1　パスカルと賭け

有名なフランスの数学者パスカル（一六二三―一六六二）は、あるときその友人で職業的な賭博師であったシュバリエ・ドゥ・メレという人からつぎの質問を受けました。

「いま、その技倆がまったく互角な二人の人甲と乙とが、互いに32ピストルずつを出し合って、勝負を争っている。彼らは勝負に勝つたびに1点を獲得するものとして、先に3点を得たものを勝ちとし、勝った人が賭け金の64ピストルをもらうと約束している。

ところがある事情で、甲が2点を得、乙が1点を得たところで勝負を中止しなければならなくなってしまった。

かです。

このとき、賭け金64ピストルをどう分配すべきか」

この問題をパスカルはつぎのように考えました。

もしこのゲームをさらに続けたとすれば、つぎには甲が勝つか乙が勝つかのいずれ

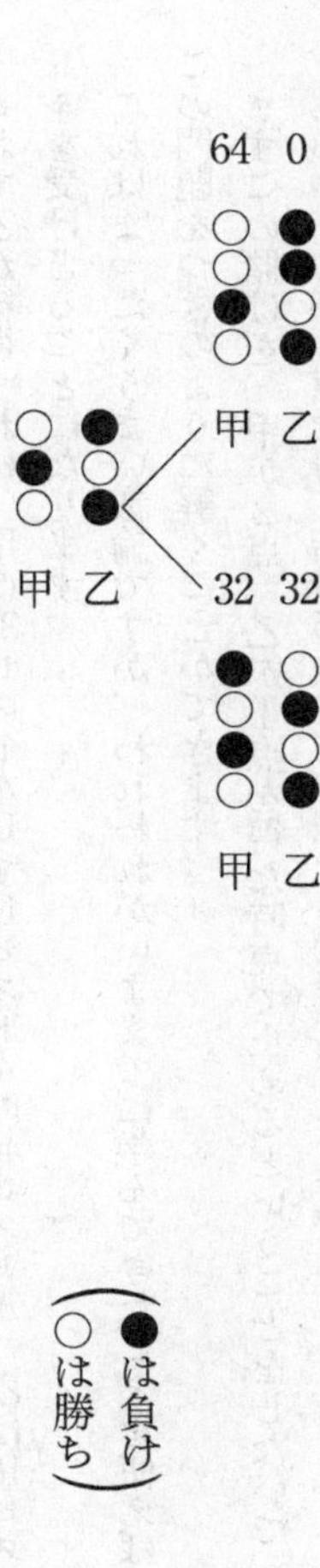

もし甲が勝てば、甲は3点を得たことになり、したがって甲が賭け金64ピストルを全部もらうことになるでしょう。しかし、もし乙が勝てば、甲も2点、乙も2点を得たことになり、この場合には、勝負をやめるとすれば、甲が32ピストル、乙も32ピストルを受けとることになるでしょう。

そこで甲は乙につぎのように言うことができるでしょう。

「私は、つぎの勝負に勝てば64ピストルを受けとるでしょう。つぎの勝負に負ければ

32ピストルを受けとるでしょう。したがって私は、つぎの勝負に勝っても負けても、32ピストルだけは受けとるはずです。ですから、賭け金の64ピストルのうちの32ピストルだけをとりあえず私に下さい。残りの32ピストルは、つぎの勝負に勝てば私のもの、負ければ貴方のものです。ところがつぎの勝負に私が勝つか貴方が勝つかのチャンスは半々なのですから、残りの32ピストルの半分16ピストルを私に下さい。残りの16ピストルは貴方のものです」

これで乙が納得すれば、甲は32ピストル足す16ピストルの48ピストル、乙は16ピストルを受けとることになります。

これはまったくうまい議論ですが、われわれがいままでに学んできたことを使えば、この問題をつぎのように解くことができます。

まずこの賭けを、甲が2点、乙が1点を得た時点で止めるということをしないで、どちらか一方が3点を得て結着がつくまで続けると考えてみます。

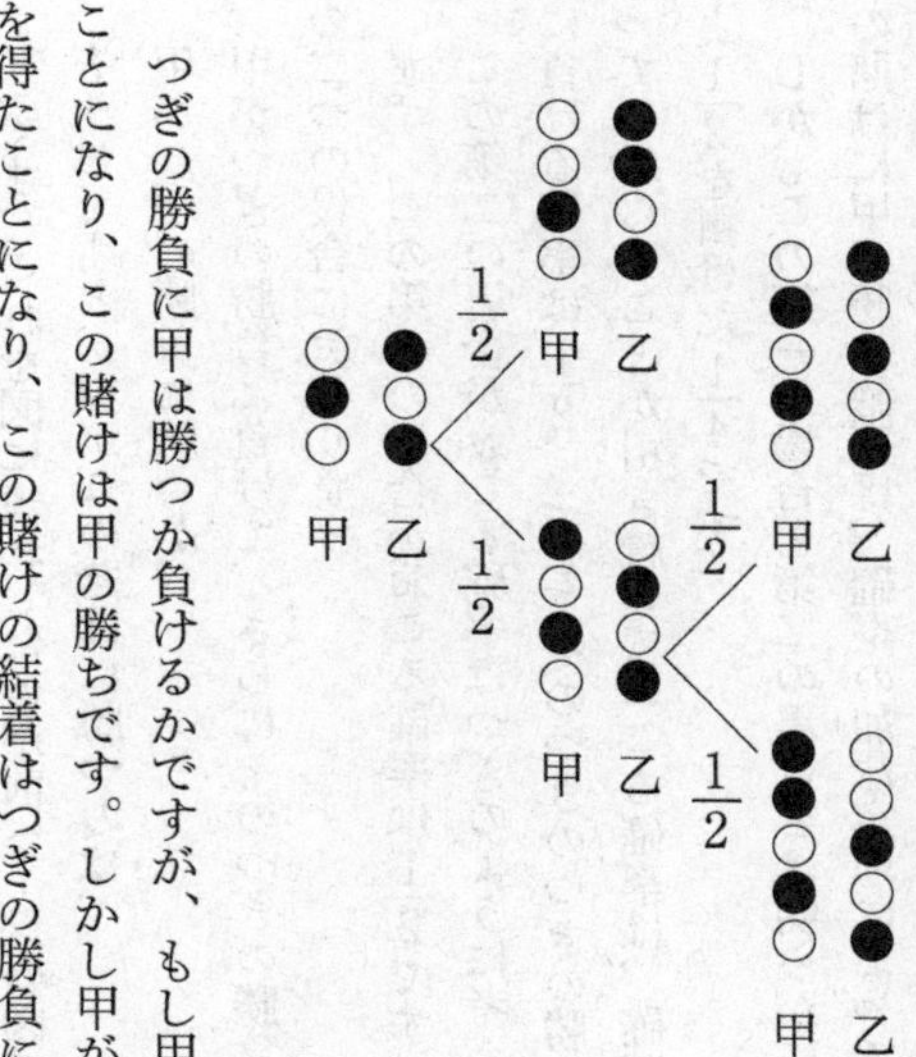

つぎの勝負に甲は勝つか負けるかですが、もし甲が勝てば、甲はすでに3点を得たことになり、この賭けは甲の勝ちです。しかし甲が負ければ、甲と乙が両方とも2点を得たことになり、この賭けの結着はつぎの勝負にもちこされます。ところが甲と乙は技倆がまったく互角ですから、つぎに甲が勝って賭けが終わる確率は$\frac{1}{2}$、つぎに甲が負けて賭けの結着がつぎの勝負にもちこされる確率は$\frac{1}{2}$です。

そこで、つぎの勝負に甲が負けて賭けの結着がさらにつぎの勝負できまる場合を考えます。

この場合には、甲も2点、乙も2点を得ているのですから、さらにつぎの勝負に甲が勝てば賭けは甲の勝ち、さらにつぎの勝負に乙が勝てば賭けは乙の勝ちです。ところが甲と乙の技倆はまったく互角なのですから、このいずれがおこることも確率は$\frac{1}{2}$です。これを図に表わしたのが前ページの図です。

そうしますと、甲がこの賭けに勝つのは、

甲がつぎの勝負に勝つか、

甲がつぎの勝負に負けて、さらにそのつぎの勝負に勝つか、

の二つの場合におこります。

まず、この第一の場合がおこる確率は$\frac{1}{2}$です。

この第二の場合がおこる確率はつぎのように考えて求められます。甲がつぎの勝負に負ける確率は$\frac{1}{2}$、そしてそのつぎの勝負に勝つ確率は$\frac{1}{2}$です。したがってこれらのことが引き続いておこる確率は、確率の乗法定理によって、この$\frac{1}{2}$と$\frac{1}{2}$を掛けた$\frac{1}{4}$です。

しかもこの第一の場合と第二の場合とは明らかに連立不可能です。したがって、この賭けに甲が勝つ確率は、確率の加法定理によって、

$$\frac{1}{2}+\frac{1}{4}=\frac{3}{4}$$

です。

つぎに、この賭けに乙が勝つのは、

乙がつぎの勝負に勝ち、さらにそのつぎの勝負にも勝つ、

場合にのみおこります。

ところが、乙がつぎの勝負に勝つ確率は$\frac{1}{2}$、つぎのつぎの勝負に勝つ確率も$\frac{1}{2}$ですから、これら二つのことが引き続いておこる確率は、確率の乗法定理によって、この$\frac{1}{2}$と$\frac{1}{2}$を掛けた$\frac{1}{4}$です。

これで、甲が2点、乙が1点を得ている時点では、甲がこの賭けに勝つ確率は$\frac{3}{4}$、乙がこの賭けに勝つ確率は$\frac{1}{4}$であることがわかりました。

それなら、賭け金の64ピストルは、この確率の割合にわけるのが妥当ですから、

甲は

$$64 \times \frac{3}{4}$$

$$= 48 \text{（ピストル）}$$

乙は

$$64 \times \frac{1}{4}$$

$$= 16 \text{（ピストル）}$$

を受けとるのが妥当ということになります。

2　酋長のトリック

ある酋長が、一人の土人に、ここに一〇本のうちに一本当たりのあるクジがあるが、当たりの賞金は千円である（土人のお金の単位が円であるかどうかは大へん怪しいわけですが、まあ話の都合でこうしておきます）。もし百円出したらこのクジを一回引かしてあげるといいました。

諸君ならどうしますか。

百円だしたらクジを一回引かしてあげるというこの百円はどこからきたものでしょ

う。それは、千円という賞金に、このクジに当たる確率$\frac{1}{10}$を掛けて、

$$1000円 \times \frac{1}{10} = 100円$$

としてでてきたものです。この場合、賭けは公平です。

なぜかといいますと、いま十人の人が全部百円を出せば、合計で千円になります。したがって、当たった人にこの千円をあげるというのであれば、酋長、つまりこの賭けの胴元は、得も損もしていないからです。

このように、賞金にそれの当たる確率を掛けたものを、その場合の期待値といいます。もし一等賞はいくら、二等賞はいくら、……という場合でも、一等賞の金額にそれの当たる確率を掛け、二等賞の金額にそれの当たる確率を掛け、……そして全部を加えたものを期待値といいます。

クジ引きは、その期待値だけのお金を払って引くときに公平です。

ここで以下の話について、ちょっとお断りしておかなければならないことは、以下の話は最初にクジを引く人だけを問題としていることです。もう一度クジを引くというのであれば、クジは新しく作り直すことにします。

さて、ふつうならば、このようなクジを作るのに、当たりの玉一つと外れの玉九つとを一つの壺に入れて、この壺に手を入れて、一つの玉をとり出しなさいというところでしょうが、ある頭のよい酋長はつぎのような方法を考え出しました。

すなわち彼は、まずまったく同じ形、まったく同じ色の壺を二つ用意して、その第一の壺には当たりの玉一つと外れの玉五つを入れ、第二の壺には外れの玉四つを入れ

ました。

これでも、十個の玉のうちに当たりは一つ、外れは九つあるのですから、このクジで当たりを引く確率は相変わらず$\frac{1}{10}$であるように思えますが、果たしてそうでしょうか。

壺が一つの場合には、その壺に手を入れて一つの玉をとり出すのですから、この場合に当たる確率が$\frac{1}{10}$であることは明らかです。

しかし壺が二つある場合には、まずどちらの壺に手を入れるかを決心しなければなりません。このとき、第一の壺をえらぶ確率と、第二の壺をえらぶ確率とは、いずれも$\frac{1}{2}$であると考えるのが妥当です。

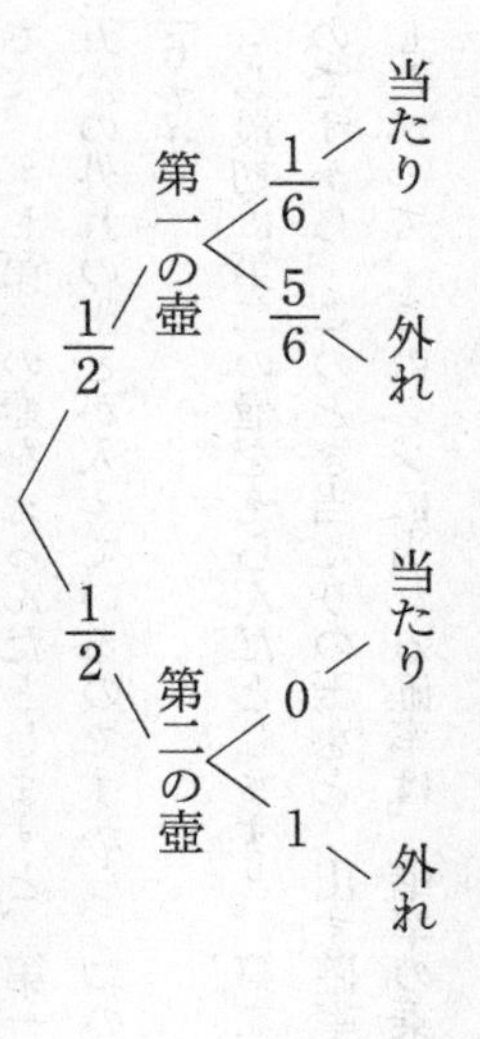

さて、もし第一の壺をえらんだとしますと、第一の壺のなかには一つの当たりの玉と五つの外れの玉とが入っているのですから、このとき当たりの玉をとり出す確率は$\frac{1}{6}$です。

もし最初に第二の壺をえらんだとしますと、第二の壺には当たりの玉は入っていないのですから、このとき当たりの玉をとり出す確率は0です。

したがって、このクジに当たる確率は、確率の乗法定理によって、

$$\frac{1}{2} \times \frac{1}{6} = \frac{1}{12}$$

ということになります。

これは、一つの壺に全部の玉を入れたときの当たる確率$\frac{1}{10}$よりは小さくなっています。したがって、このクジは、長い間には胴元に有利ということになります。

これをさらにおしすすめて、第一の壺には当たりの玉を一つと外れの玉を六つ、第

二の壺には外れの玉を三つ入れておきますと、この場合には当たりの玉をとり出す確率は、前と同じように考えて、

$$\frac{1}{2} \times \frac{1}{7} = \frac{1}{14}$$

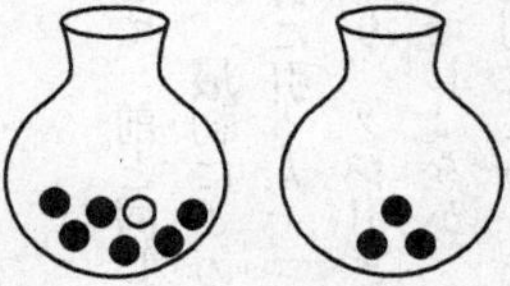

となって、これはますます胴元に有利になってきます。

3　クジ引きの順番

　さて、前と同じように、一〇本中に一本の当たりのあるクジを考えてみます。このとき、最初にこのクジを引く人の当たる確率は$\frac{1}{10}$です。それなら、このクジを二番目に引く人、三番目に引く人、……の当たりを引く確率も同じ$\frac{1}{10}$でしょうか。つまり、クジ引きというものは、当たりを引く確率がクジを引く順番には関係しないものでしょうか。この大事な問題を考えてみたいと思います。

　最初にこのクジを引く人の当たる確率が$\frac{1}{10}$であることは明らかですから、第二番目にこのクジを引く人の当たりを引く確率を考えてみます。

　第二番目にこのクジを引く人が当たるためには、とにかく第一番目にこのクジを引く人が外れてくれないと困ります。ところが、最初にこのクジを引く人が外れを引く確率は$\frac{9}{10}$です。

　最初に引く人が外れを引いたとすれば、そこには九本のクジが残っており、そのうちに一本の当たりが含まれているのですから、これを引く人が当たりを引く確率は$\frac{1}{9}$です。

したがって確率の乗法定理によって、第二番目にこのクジを引く人の当たる確率は、

$$\frac{9}{10}\times\frac{1}{9}=\frac{1}{10}$$

です。

ではつぎに、第三番目にこのクジを引く人が当たりを引く確率を考えてみます。

第三番目にこのクジを引く人が当たりを引くためには、第一番目にこのクジを引く人も、第二番目にこのクジを引く人も外れを引いてくれないと困ります。

ところが、最初にこのクジを引く人が外れを引く確率は$\frac{9}{10}$です。最初にこのクジを引く人が外れを引いたとき、第二番目にこのクジを引く人が外れを引く確率は$\frac{8}{9}$です。

最初にこのクジを引く人も、第二番目にこのクジを引く人も外れを引いたとすれば、そこには八本のクジが残っており、そのうちに一本の当たりがあるのですから、その

とき第三番目にこのクジを引く人が当たりを引く確率は$\frac{1}{8}$です。

したがって結局、第三番目にこのクジを引く人が当たりを引く確率は、確率の乗法定理によって、

$$\frac{9}{10} \times \frac{8}{9} \times \frac{1}{8} = \frac{1}{10}$$

です。

同様に考えていけば、一〇本中に一本の当たりのあるクジを引く場合には、当たりを引く確率は、それを引く順番に関係なく、いつも$\frac{1}{10}$であることがわかります。

さて以上は、一〇本中に一本の当たりのある場合の話でした。それなら、一〇本中に二本の当たりのあるクジに対しても同じ結論が成り立つでしょうか、この問題を考

えてみましょう。

このクジを最初に引く人の当たる確率が$\frac{2}{10}$、すなわち$\frac{1}{5}$であることは明らかです。問題は、このクジを第二番目に引く人の当たる確率です。前の場合とちがってこの場合には、最初に引く人が当たりを引いても、外れを引いても、第二番目の人に当たりを引くチャンスが残されています。

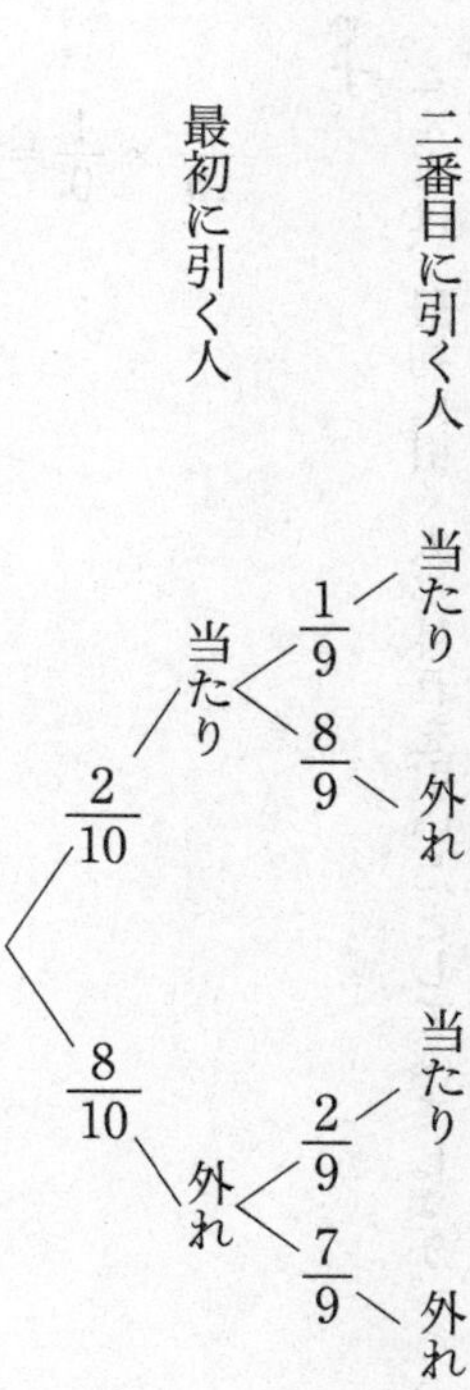

二番目に引く人　当たり　外れ　当たり　外れ

最初に引く人　当たり　外れ

$\frac{2}{10}$ 当たり → $\frac{1}{9}$ 当たり、$\frac{8}{9}$ 外れ

$\frac{8}{10}$ 外れ → $\frac{2}{9}$ 当たり、$\frac{7}{9}$ 外れ

まず最初に引く人が当たりを引いたとしてみましょう。このことのおこる確率は$\frac{2}{10}$です。このとき、そこには九本のクジが残っており、そのなかには一本の当たりクジがありますから、このときこのクジを引く人が当たりを引く確率は$\frac{1}{9}$です。

したがって結局、最初にこのクジを引く人が当たりを引き、さらに二番目にこのクジを引く人も当たりを引く確率は、確率の乗法定理によって、

$$\frac{2}{10} \times \frac{1}{9} = \frac{2}{90}$$

です。

こんどは、最初に引く人が外れを引いたとしてみましょう。このことのおこる確率は$\frac{8}{10}$です。このとき、そこには九本のクジが残っており、そのなかには二本の当たりクジがありますから、このときこのクジを引く人が当たりを引く確率は$\frac{2}{9}$です。

したがって結局、最初にこのクジを引く人が外れを引き、このとき二番目にこのクジを引く人が当たりを引く確率は、確率の乗法定理によって、

$$\frac{8}{10}\times\frac{2}{9}=\frac{16}{90}$$

です。

したがって、こんどは確率の加法定理によって、第二番目にこのクジを引く人が当たりを引く確率は、

$$\frac{2}{90}+\frac{16}{90}=\frac{2+16}{90}=\frac{18}{90}=\frac{1}{5}$$

です。

このように、この場合にも、最初に引く人と二番目に引く人の当たりを引く確率は同じです。

なるほど、最初にこのクジを引く人と、二番目にこのクジを引く人の当たりクジを引く確率はいずれも1/5であって同じことはわかったが、三番目にこのクジを引く人が当たりを引く確率も果たして同じ1/5であろうか、四番目、五番目、……にこのクジを引く人に対してはどうであろうか、という人があるかも知れません。

これは、前の考え方で考えていきますと、だんだんと複雑になっていきます。

一〇本中に二本当たりの場合はかりにわかったとしても、一〇本中に三本当たりのある場合になりますと、さらに面倒になっていきます。

そこで以下に、クジ引きで当たりを引く確率は、それを引く順番には関係しないということを示す、他の論法を紹介してみましょう。

それにはつぎのように考えます。

まず、クジは、

A　B　C　D　E　F　G　H　I　J

の一〇本であるとして、このうち[A]と[B]が当たりであるとしておきます。

これを一〇人の人が順に引くのですから、これらのクジは、たとえば、

1番目　[C]
2番目　[J]
3番目　[E]
4番目　[H]
5番目　[A]
6番目　[F]
7番目　[G]
8番目　[B]
9番目　[I]
10番目　[D]

という具合に順々に現われてきます。

このようなクジの現われ方は何通りあるでしょうか。

これは前に一度考えたことのある並べ方の数の問題ですが、まず一番目には、一〇本のクジのうちのどれか一つが現われるわけですから、その現われ方は10通りあります。

その一つ一つに対して、二番目には残りの九本のクジのどれか一つが現われるわけですから、その現われ方は9通りあります。

一番目の現われ方、二番目の現われ方の組み合わせの一つ一つに対して、三番目には残りの八本のクジのうちのどれか一つが現われるわけですから、その現われ方は8

通りあることになります。

こう考えますと、一〇本のクジを一〇人の人が順々に引いていく場合には、クジの現われ方は、10掛ける9掛ける8掛ける……3掛ける2掛ける1通りあることがわかります。われわれはこのような数を10の階乗とよんで、

10!

という記号で表わしました。

これを計算すれば非常に大きな数になりますが、いまはとりあえずその必要はありませんのでこのままにしておきます。

さて、このようなたくさんのクジの現われ方のなかで、たとえば四番目にこのクジを引く人が当たりクジを引くような現われ方は何通りあるでしょうか。

四番目にこのクジを引く人が当たりを引く場合というのは、このようなクジの現われ方のうちで、四番目にAかBのきている、

と、

1番目	□
2番目	□
3番目	□
4番目	Ⓐ
5番目	□
6番目	□
7番目	□
8番目	□
9番目	□
10番目	□

1番目	□
2番目	□
3番目	□
4番目	Ⓑ
5番目	□
6番目	□
7番目	□
8番目	□
9番目	□
10番目	□

です。

それなら、このようなクジの現われ方は何通りあるでしょうか。

まず第一の場合を考えてみます。これは、第四番目のところにⒶというクジの現われる場合です。したがってその数は、Ⓐをのぞいた他の九つのクジが他の九人の人のところに順番に現われる場合の数だけあります。その数は、前とまったく同じ考察によって、

$$9!$$

通りです。

まったく同様に考えて、第四番目のところにBというクジの現われる場合の数も、

$$9!$$

です。

したがって結局、第四番目のところへ当たりクジAまたはBの現われる場合の数は、

$$9! \times 2$$

であるということになります。

以上の考察から、結局第四番目にこのクジを引く人が当たりクジを引く確率は、

$$\frac{9!\times 2}{10!}=\frac{2}{10}$$
$$=\frac{1}{5}$$

であるということになります。

以上の議論をふり返ってみればわかりますように、第四番目に引くということは何ら本質的な役割を果たしておりません。

したがって、このクジを引く人が当たりを引く確率は、それを引く順番には関係なく、いつでも$\frac{1}{5}$であることがわかりました。

4　一つの意外な例

この章の最後に、答えが常識的な推定とはくいちがってしまう、一つの意外な例をあげておきましょう。それはつぎの問題です。

いまここに一つの部屋があって、そのなかにはn人の人がいる。このn人のうちに、少なくも二人は同じ誕生日（すなわち一年の同じ月同じ日）をもっている確率はいくらか。

この問題を解くために、まず、このn人のうちに同じ誕生日をもった人はいない、ということに対する確率を求めてみましょう。

閏年に現われる二月二九日は除外することにしますと、これらn人の一人一人は、一年三六五日のうちのどの日をも誕生日にもち得るわけですから、これらn人の人の誕生日に関しては、

$$365^n$$

だけの可能性があります。これらの可能性の一つ一つが同じように期待されるものと仮定します。

つぎに、n人の人がすべてことなる誕生日をもつ可能性はいくらあるかを考えてみます。

これらn人を順に考えることにしますと、第一の人は、まず三六五日のうちのどの日をも誕生日にもち得ます。しかし第二の人は、この日を除いた三六四日のうちのい

ずれかを誕生日にもち得ます。第三の人は、第一、第二の人の誕生日をのぞいた三六三日のうちのいずれかを誕生日にもち得ます。……

このように考えていきますと、n人の人が全部異なる誕生日をもつ可能性の数は、左の第一の式で与えられることがわかります。

したがって、n人の人のうちのどの二人も同じ誕生日をもっていないという確率q_nは上の第二式で与えられます。したがって結局、n人の人のうちに少なくも二人同じ誕生日をもった人がいるという確率は上の第三式で与えられます。

$$365_n \cdot 364 \cdot 363 \cdots\cdots (365 - n + 1)$$

$$q_n = \frac{365 \cdot 364 \cdot 363 \cdots\cdots (365 - n + 1)}{365^n}$$

$$p_n = 1 - q_n$$

このp_nを、nの値5、10、15、20、……に対して計算した表が、ケメニー、スネル、トンプソン共著の『新しい数学』に表にしてのせられていますので、その一部を引用してみますと、つぎのページの通りです。

この表は、ちょっと意外なことをわれわれに示しています。同じ部屋のなかにいる人のうちに、同じ誕生日をもった人が少なくとも二人いる確率がほぼ$\frac{1}{2}$になるためには、その部屋のなかに一〇〇人から一五〇人くらいの人がいるべきだと考えるのが常識的であると思われますのに、この表は、この部屋のなかにたった二三人の人がいれば、そのなかに同じ誕生日をもった人が少なくも二人いる確率はもう$\frac{1}{2}$をこすことを示しています。

部屋のなかの人数	少なくも2人が同じ誕生日をもつ確率
5	0.027
10	0.117
15	0.253
20	0.411
21	0.444
22	0.476
23	0.507
24	0.538
25	0.569
30	0.706
40	0.891
50	0.970
60	0.994

しかもこの表は、この部屋のなかに三十数人の人がいれば、同じ誕生日をもった人が少なくも二人いる確率は八割近いことを示しています。またこの部屋のなかに六〇人の人がいれば、そのなかに同じ誕生日をもった人が少なくも二人いる確率は九割九分四厘でほぼ確実であることを示しています。

現にアメリカの大統領はすでに三七代を数えておりますが、そのなかに同じ誕生日をもった人がいるかどうかを調べてみますと、たしかにいます。第一一代大統領ポークと第二九代大統領ハーディングはいずれも一一月二日が誕生日です。誕生日と言っても、死んだ日といっても数学の議論としては同じことですから、アメリカの大統領のうちで同じ日に死んだ人がいるかどうかを調べてみますと、二代大統領アダムズ、三代大統領ジェファーソン、五代大統領モンローは、いずれも七月四日に死んでいます。

第7章　大数の法則

1　一つの貨幣を何回か投げる場合

われわれは本書のはじめの方で、いくつかの貨幣を投げる場合を考えました。しかしここでは一つの貨幣を何回か投げる場合を考えてみます。

まず、一つの貨幣を一回投げる場合を考えますと、結果はもちろん表か裏かで、そのいずれか、

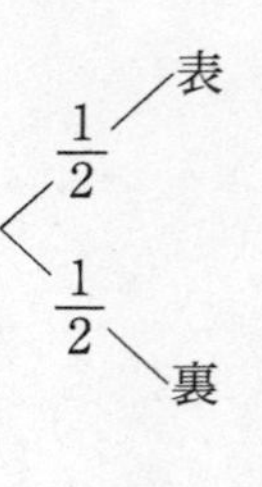

の出る確率も$\frac{1}{2}$です。この事情は右の図で表わされます。

つぎに、一つの貨幣を二回投げる場合を考えてみますと、その結果は、

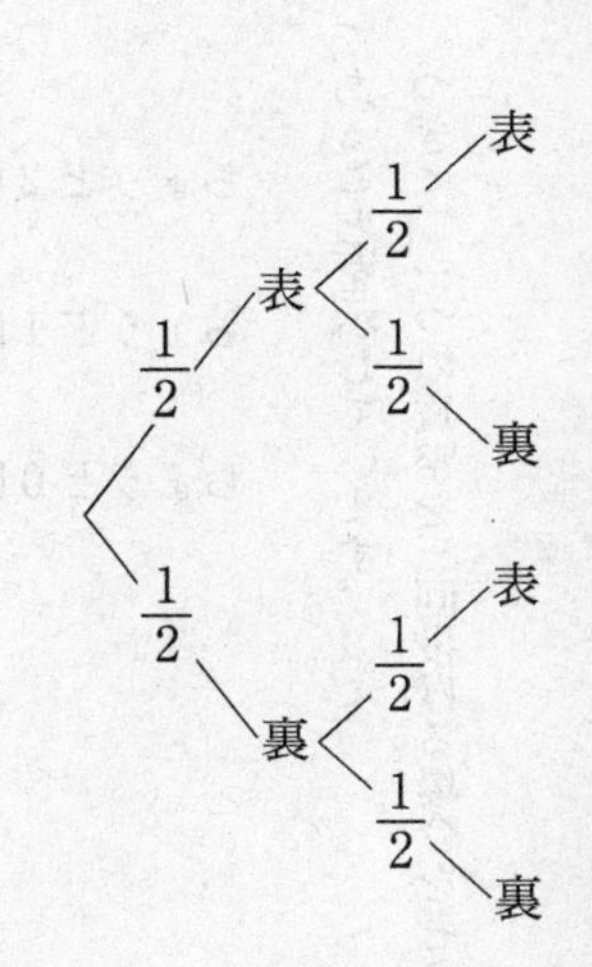

という図で表わされるでしょう。

この図は、

第一回目	第二回目	確率
表	表	$\left(\frac{1}{2}\right)^2$
表	裏	$\left(\frac{1}{2}\right)^2$
裏	表	$\left(\frac{1}{2}\right)^2$
裏	裏	$\left(\frac{1}{2}\right)^2$

であることを示しています。

これはさらに、

ちょうど2回表がでる確率　$\left(\frac{1}{2}\right)^2$

ちょうど1回表がでる確率　$2\cdot\left(\frac{1}{2}\right)^2$

ちょうど0回表がでる確率　$\left(\frac{1}{2}\right)^2$

であることを示しています。

つぎに、一つの貨幣を三回投げる場合を考えてみますと、その結果は、

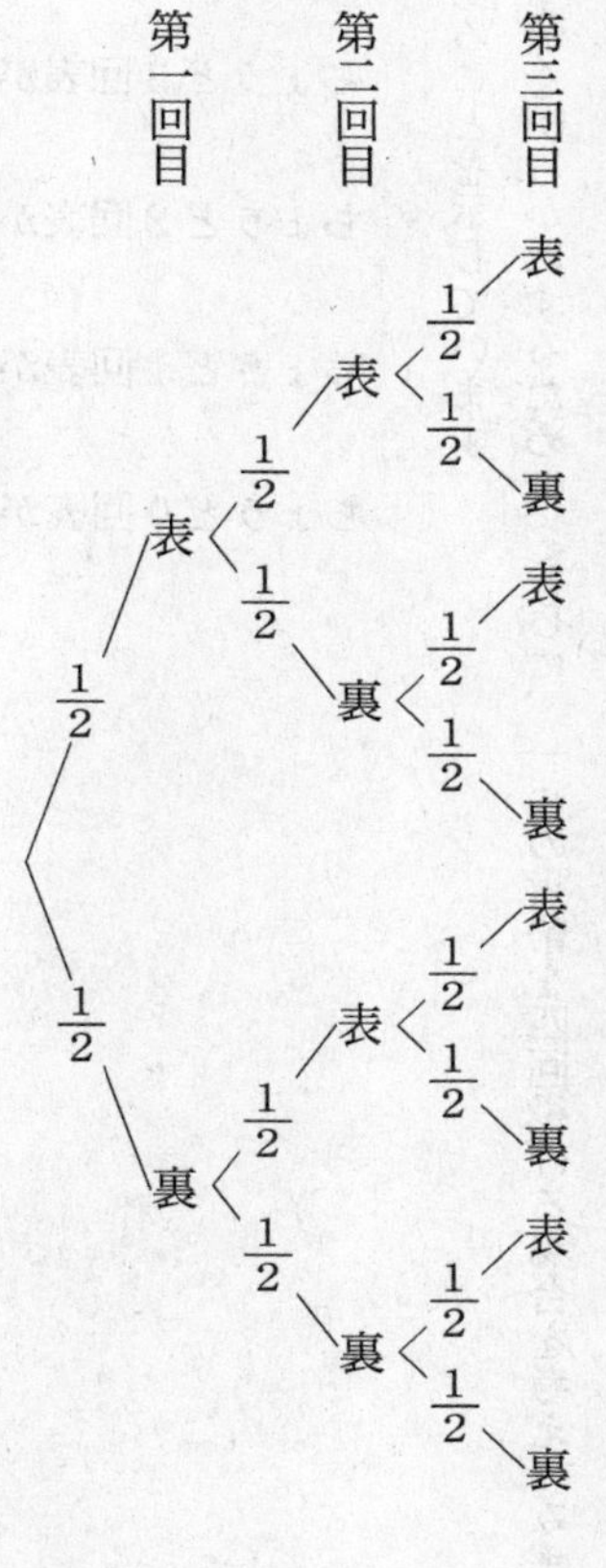

という図で表わされるでしょう。

この図は、確率の乗法定理によって、

確率	第三回目	第二回目	第一回目
$\left(\frac{1}{2}\right)^3$	表	表	表
$\left(\frac{1}{2}\right)^3$	裏	表	表
$\left(\frac{1}{2}\right)^3$	表	裏	表
$\left(\frac{1}{2}\right)^3$	裏	裏	表
$\left(\frac{1}{2}\right)^3$	表	表	裏
$\left(\frac{1}{2}\right)^3$	裏	表	裏
$\left(\frac{1}{2}\right)^3$	表	裏	裏
$\left(\frac{1}{2}\right)^3$	裏	裏	裏

であることを示しています。

これはさらに、

ちょうど３回表がでる確率　$\left(\frac{1}{2}\right)^3$

ちょうど２回表がでる確率　$3\cdot\left(\frac{1}{2}\right)^3$

ちょうど１回表がでる確率　$3\cdot\left(\frac{1}{2}\right)^3$

ちょうど０回表がでる確率　$\left(\frac{1}{2}\right)^3$

であることを示しています。

事情を明らかにするために、さらに、一つの貨幣を四回投げる場合を考えてみます

と、その結果は、

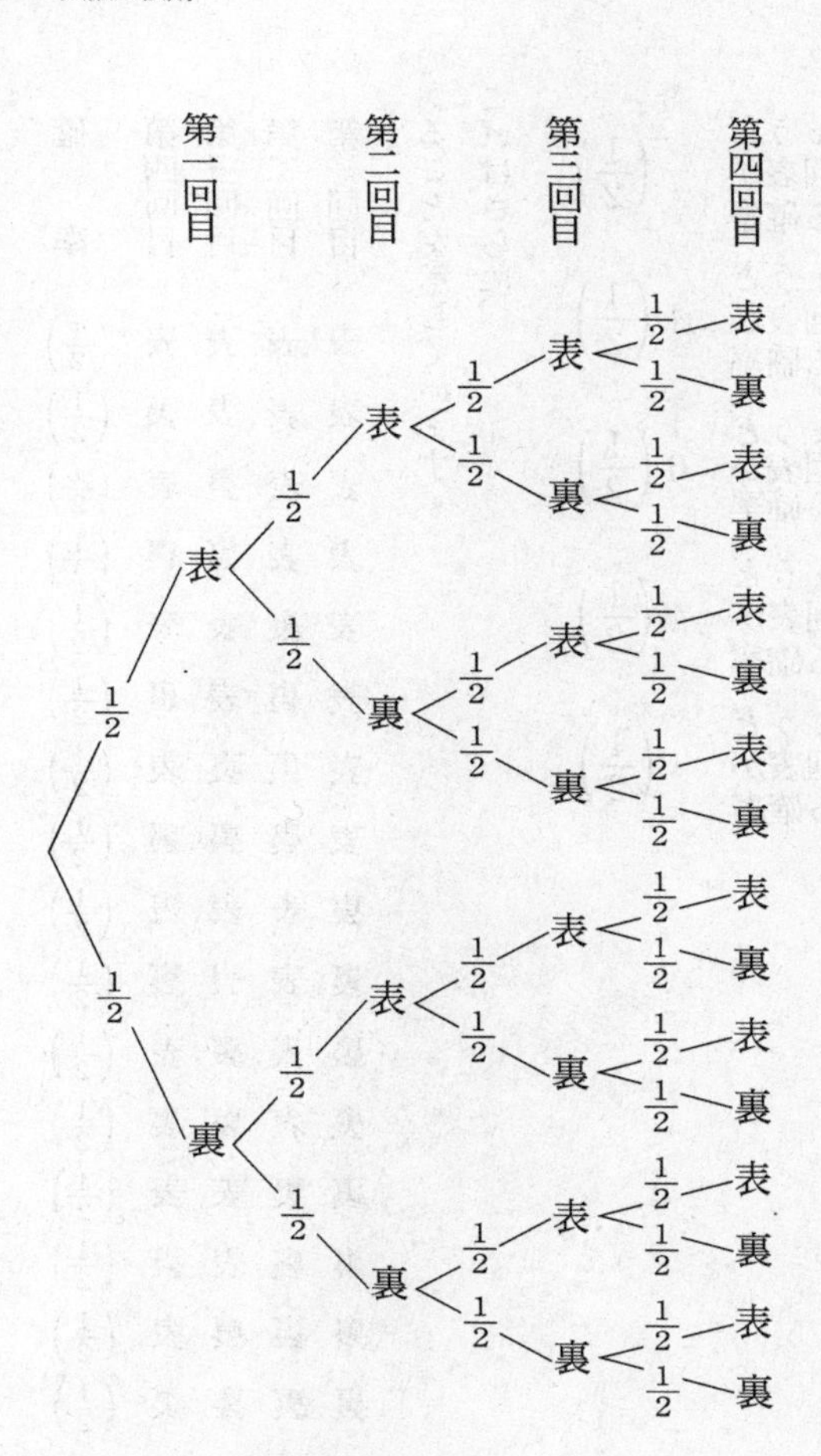

という図で表わされます。

この図は、確率の乗法定理によって、

確率	第四回目	第三回目	第二回目	第一回目
$\left(\frac{1}{2}\right)^4$	表	表	表	表
$\left(\frac{1}{2}\right)^4$	裏	表	表	表
$\left(\frac{1}{2}\right)^4$	表	裏	表	表
$\left(\frac{1}{2}\right)^4$	裏	裏	表	表
$\left(\frac{1}{2}\right)^4$	表	表	裏	表
$\left(\frac{1}{2}\right)^4$	裏	表	裏	表
$\left(\frac{1}{2}\right)^4$	表	裏	裏	表
$\left(\frac{1}{2}\right)^4$	裏	裏	裏	表
$\left(\frac{1}{2}\right)^4$	表	表	表	裏
$\left(\frac{1}{2}\right)^4$	裏	表	表	裏
$\left(\frac{1}{2}\right)^4$	表	裏	表	裏
$\left(\frac{1}{2}\right)^4$	裏	裏	表	裏
$\left(\frac{1}{2}\right)^4$	表	表	裏	裏
$\left(\frac{1}{2}\right)^4$	裏	表	裏	裏
$\left(\frac{1}{2}\right)^4$	表	裏	裏	裏
$\left(\frac{1}{2}\right)^4$	裏	裏	裏	裏

であることを示しています。

これはさらに、

$\left(\frac{1}{2}\right)^4$	ちょうど4回表がでる確率
$4\cdot\left(\frac{1}{2}\right)^4$	ちょうど3回表がでる確率
$6\cdot\left(\frac{1}{2}\right)^4$	ちょうど2回表がでる確率
$4\cdot\left(\frac{1}{2}\right)^4$	ちょうど1回表がでる確率
$\left(\frac{1}{2}\right)^4$	ちょうど0回表がでる確率

であることを示しています。

さて、いままでの結果をふり返ってみて、もしこれをさらに続ければ、結果はどのようになるかを推察してみましょう。

そのために、この最後の例をよくみてみましょう。

まず最初に、一つの貨幣を四回投げる場合には、表裏の現われ方についての可能性の集合は、

$$2^4 = 16$$

の要素を含んでいます。

そして、そのおのおのおこる確率は、

$$\left(\frac{1}{2}\right)^4$$

です。

そして、その可能性の集合のなかに、ちょうど四回表がでるという場合は一つしか

含まれていません。したがってそのようなことのおこる確率は、

$$1\cdot\left(\frac{1}{2}\right)^4$$

です。

また、この可能性の集合のなかに、ちょうど三回表がでるという場合は四つ含まれています。したがってそのようなことのおこる確率は、

$$4\cdot\left(\frac{1}{2}\right)^4$$

です。しかしこの4という数はどこからきたのでしょうか。これはつぎのように考えるとわかります。

われわれは一つの貨幣を四回投げたとき、そのうちちょうど三回表がでる場合を考えているのですから、そのような場合は、たとえば、

第四回目　表
第三回目　裏
第二回目　表
第一回目　表

のように、四つの場所から、表と書くべき三つの場所（右の例では、第一回目、第二回目、第四回目）の選び方の場合の数だけあるわけです。すなわち、

第四回目　裏　表　表　表
第三回目　表　裏　表　表
第二回目　表　表　裏　表
第一回目　表　表　表　裏

の四つだけあるわけです。

また、この可能性の集合のなかには、ちょうど二回表がでるという場合は六つ含まれています。したがってそのようなことのおこる確率は、

$$6\cdot\left(\frac{1}{2}\right)^4$$

です。

ではこの6という数はどこからきたのでしょうか。これも前と同じくつぎのように考えるとよくわかります。

われわれは一つの貨幣を四回投げたとき、そのうちちょうど二回表がでる場合を考えているのですから、そのような場合は、たとえば、

第四回目　裏
第三回目　表
第二回目　裏
第一回目　表

のように、四つの場所から、表とかくべき二つの場所（右の例では第一回目と第三回目）の選び方の場合の数だけあるわけです。すなわち、

第四回目　裏　裏　表　裏　表　表
第三回目　裏　表　裏　表　裏　表
第二回目　表　裏　裏　表　表　裏
第一回目　表　表　表　裏　裏　裏

の六つだけあるわけです。

また、この可能性の集合のなかには、ちょうど一回表がでるという場合は四つ含まれています。したがってこのようなことのおこる確率は、

$$4\cdot\left(\frac{1}{2}\right)^4$$

です。

この4という数がどこからきたかは、つぎのように考えてわかります。

われわれは一つの貨幣を四回投げたとき、そのうちちょうど一回表がでる場合を考えているのですから、そのような場合は、たとえば、

第四回目　裏
第三回目　裏
第二回目　表
第一回目　裏

のように、四つの場所から、表とかくべき一つの場所（右の例では第二回目）の選び方の場合の数だけあるわけです。すなわち、

第四回目　裏　裏　裏　表
第三回目　裏　裏　表　裏
第二回目　裏　表　裏　裏
第一回目　表　裏　裏　裏

の四つだけあるわけです。

最後に、この可能性の集合のなかには、ちょうど零回表がでるという場合、すなわち全部が裏という場合は一つしか含まれていません。したがってそのようなことのお

こる確率は、

$$1\cdot\left(\frac{1}{2}\right)^4$$

です。

この1という数は、表をどこにもかかない、つまり四つの場合から、表とかくべき場所を一つも選ばないという選び方は一通りしかない、という事実からでてきたものとも考えられます。

2　$\begin{pmatrix} n \\ r \end{pmatrix}$という記号

さてわれわれは前節で、一つの貨幣を四回投げるとき、ちょうど四回表がでる確率は、

$$1\cdot\left(\frac{1}{2}\right)^4$$

ちょうど三回表がでる確率は、

$$4\cdot\left(\frac{1}{2}\right)^4$$

ちょうど二回表がでる確率は、

$$6\cdot\left(\frac{1}{2}\right)^4$$

ちょうど一回表がでる確率は、

$$4\cdot\left(\frac{1}{2}\right)^4$$

ちょうど零回表がでる確率は、

$$1\cdot\left(\frac{1}{2}\right)^4$$

であるが、ここに出てくる係数1、4、6、4、1の意味を考えました。

そして、最初の1は、四つの物から四つの物を選ぶ選び方の数、つぎの4は、四つの物から三つの物を選ぶ選び方の数、つぎの6は四つの物から二つの物を選ぶ選び方の数、つぎの4は、四つの物から一つの物を選ぶ選び方の数、最後の1は、四つの物から一つも物を選ばない選び方の数に等しいことを見出だしました。

そこでわれわれは一般に、n個の異なるものからr個のものを選ぶ選び方の数を、

$$\binom{n}{r}$$

という記号で表わすことにします。

そうしますと、一つの貨幣を四回投げるときには、

$$\text{ちょうど4回表がでる確率：}\binom{4}{4}\left(\frac{1}{2}\right)^4$$

$$\text{ちょうど3回表がでる確率：}\binom{4}{3}\left(\frac{1}{2}\right)^4$$

$$\text{ちょうど2回表がでる確率：}\binom{4}{2}\left(\frac{1}{2}\right)^4$$

$$\text{ちょうど1回表がでる確率：}\binom{4}{1}\left(\frac{1}{2}\right)^4$$

$$\text{ちょうど0回表がでる確率：}\binom{4}{0}\left(\frac{1}{2}\right)^4$$

と書けることがわかります。

以上の考えをすすめて、一つの貨幣を五回投げる場合を考えてみますと、ちょうど5回表がでる確率は、$\left(\frac{1}{2}\right)^5$に、五つの異なるものから五つのものを選ぶ選び方の数$\binom{5}{5}$を掛けた、

$$\binom{5}{5}\left(\frac{1}{2}\right)^5$$

ちょうど四回表がでる確率は、$\left(\frac{1}{2}\right)^5$に、五つの異なるもの（すなわち第一回目、第二回目、……第五回目）から四つのもの（すなわち表）を選ぶ選び方の数$\binom{5}{4}$を掛けた、

$$\binom{5}{4}\left(\frac{1}{2}\right)^5$$

ちょうど三回表がでる確率は、$\left(\frac{1}{2}\right)^5$に、五つの異なるものから三つのものを選ぶ選び方の数$\binom{5}{3}$を掛けた、

$$\binom{5}{3}\left(\frac{1}{2}\right)^5$$

ちょうど二回表がでる確率は、$\left(\frac{1}{2}\right)^5$に、五つの異なるものから二つのものを選ぶ選び方の数$\binom{5}{2}$を掛けた、

$$\binom{5}{2}\left(\frac{1}{2}\right)^5$$

ちょうど一回表がでる確率は、$\left(\frac{1}{2}\right)^5$に、五つの異なるものから一つのものを選ぶ選び方の数$\binom{5}{1}$を掛けた、

$$\binom{5}{1}\left(\frac{1}{2}\right)^5$$

ちょうど零回表がでる確率は、$\left(\frac{1}{2}\right)^5$に、五つのものから一つも選ばない選び方の数$\binom{5}{0}$を掛けた、

$$\binom{5}{0}\left(\frac{1}{2}\right)^5$$

であることがわかります。

したがって結局われわれは、

$$\binom{5}{5}\quad\binom{5}{4}\quad\binom{5}{3}\quad\binom{5}{2}\quad\binom{5}{1}\quad\binom{5}{0}$$

がいくらであるかを知れば、これらの確率を知り得ることになります。

われわれは本書のはじめの方で、

$$\binom{n}{2} = \frac{n(n-1)}{2\times1} = \frac{n(n-1)}{2!}$$

また、

$$\binom{n}{3} = \frac{n(n-1)(n-2)}{3 \times 2 \times 1} = \frac{n(n-1)(n-2)}{3!}$$

であることを知りましたが、ここでは、

$$\binom{n}{r}$$

で、さらにrが一般の場合を考えてみようと思います。

これは、以上二つの公式からの類推で、答えが次ページの上の式で与えられることがおわかりでしょう。そしてこのことの正しいことはつぎのようにして証明されます。

$$\binom{n}{r} = \frac{n(n-1)(n-2)\cdots\cdots(n-r+1)}{r!}$$

n個の異なるものからr個のものを選ぶ選び方を考える前に、n個の異なるもののうちのr個を横に並べる並べ方の数を考えてみます。

まず、最初の場所へは、n個のもののどれかがくるから、その方法は、

$$n$$

通り、そのおのおのに対して第二の場所へは、第一の場所へきたものを除くどれかがくるから、その方法は、

$$n-1$$

通り、第一と第二の場所へいずれか二つの物をおいたそのおのおのに対して、第三の場所へはこれらをのぞいたどれかがくるから、その方法は、

$$n-2$$

通り、……と考えていけば、第一番目から、第r番目の直前までにおいたそ

のおのおののおき方に対して、最後の第r番目の場所へは残りのどれかがくるから、その方法は、

$$n-(r-1)$$
$$=n-r+1$$

通りあることがわかります。

したがって結局、n個の異なるもののうちのr個を横に並べる並べ方の数は、次の式で与えられる数であることがわかります。

$$n(n-1)(n-2)$$
$$\cdots\cdots(n-r+1)$$

以上は、n個のもののうちのr個を横に並べる並べ方の数でした。したがってこれらのなかには、並べ方という見地からは異なっていても、選び方という見地からは同じものが含まれています。

事実、これらのなかには、r個の異なるものをいろいろに並べかえる仕方の数、

$$r!$$

$$\binom{n}{r} = \frac{n(n-1)(n-2)\cdots\cdots(n-r+1)}{r!}$$

だけずつ、並べ方という見地からは異なっていても、選び方という見地からは同じものが含まれています。

したがって結局、n個の異なるもののうちからr個のものを選び出す選び方の数は、前の並べ方の数をこの$r!$で割った前ページの式で与えられることになります。

この公式には、一つだけ困ったことがあります。これは、n個の異なるものからr個のものを選ぶ選び方の数を表わしているのですが、n個の異なるものから0個のものを選ぶ選び方の数に対してはちょっと具合が悪いことです。そこで、この場合には、

$$\binom{n}{0} = 1$$

と約束しておくことにします。

そうすれば、この公式から、

$$\binom{5}{5}=\frac{5\cdot4\cdot3\cdot2\cdot1}{5\cdot4\cdot3\cdot2\cdot1}=1$$

$$\binom{5}{4}=\frac{5\cdot4\cdot3\cdot2}{4\cdot3\cdot2\cdot1}=5$$

$$\binom{5}{3}=\frac{5\cdot4\cdot3}{3\cdot2\cdot1}=10$$

$$\binom{5}{2}=\frac{5\cdot4}{2\cdot1}=10$$

$$\binom{5}{1}=\frac{5}{1}=5$$

$$\binom{5}{0}=1$$

となりますから、一つの貨幣を五回投げるとき、

ちょうど5回表のでる確率	$1\cdot\left(\frac{1}{2}\right)^5$
ちょうど4回表のでる確率	$5\cdot\left(\frac{1}{2}\right)^5$
ちょうど3回表のでる確率	$10\cdot\left(\frac{1}{2}\right)^5$
ちょうど2回表のでる確率	$10\cdot\left(\frac{1}{2}\right)^5$
ちょうど1回表のでる確率	$5\cdot\left(\frac{1}{2}\right)^5$
ちょうど0回表のでる確率	$1\cdot\left(\frac{1}{2}\right)^5$

であることがわかります。

この調子で、一つの貨幣を六回投げる場合、一つの貨幣を七回投げる場合、……も

考えることができます。

3　パスカルの三角形

われわれはいままでに、二つの貨幣を一回投げる場合、ちょうど一回、ちょうど零回表の出る確率は、それぞれ、

$$1\cdot\left(\frac{1}{2}\right) \quad 1\cdot\left(\frac{1}{2}\right)$$

であり、一つの貨幣を二回投げる場合、ちょうど二回、ちょうど一回、ちょうど零回表のでる確率は、それぞれ、

$$1\cdot\left(\frac{1}{2}\right)^2 \quad 2\cdot\left(\frac{1}{2}\right)^2 \quad 1\cdot\left(\frac{1}{2}\right)^2$$

であり、一つの貨幣を三回投げる場合、ちょうど三回、二回、一回、零回表のでる確

率は、それぞれ、

$$1\cdot\left(\frac{1}{2}\right)^3 \quad 3\cdot\left(\frac{1}{2}\right)^3 \quad 3\cdot\left(\frac{1}{2}\right)^3 \quad 1\cdot\left(\frac{1}{2}\right)^3$$

であり、一つの貨幣を四回投げる場合、ちょうど四回、三回、二回、一回、零回表のでる確率は、それぞれ、

$$1\cdot\left(\frac{1}{2}\right)^4 \quad 4\cdot\left(\frac{1}{2}\right)^4 \quad 6\cdot\left(\frac{1}{2}\right)^4 \quad 4\cdot\left(\frac{1}{2}\right)^4 \quad 1\cdot\left(\frac{1}{2}\right)^4$$

であり、一つの貨幣を五回投げる場合、ちょうど五回、四回、三回、二回、一回、零回表のでる確率は、それぞれ、

$$1\cdot\left(\frac{1}{2}\right)^5 \quad 5\cdot\left(\frac{1}{2}\right)^5 \quad 10\cdot\left(\frac{1}{2}\right)^5 \quad 10\cdot\left(\frac{1}{2}\right)^5 \quad 5\cdot\left(\frac{1}{2}\right)^5 \quad 1\cdot\left(\frac{1}{2}\right)^5$$

であることを知ったわけです。

いま、これらの係数だけをぬき出して書いてみますと、

```
1
   1
5     1
   4     1
10    3     1
   6     2
10    3     1
   4     1
5     1
   1
1
```

となります。ここで、さらに形式的に一番右の方へも1を書くことにしますと、

```
1
   1
5     1
   4     1
10    3     1
   6     2     1
10    3     1
   4     1
5     1
   1
1
```

となります。

こうしてみますと、われわれはちょっと面白いことに気付きます。

まず第一に、右の図のどの縦の列も、上下対称になっています。

第二に、この図のうちの二列目から左のどの数をとっても、それはその右上の数（もしなければ零と考えます）と、その右下の数（これももしなければ零と考えます）とを加えたものになっています。たとえば一番左の列の上から三番目の10は、その右上の4とその右下の6との和になっています。

もしこのことが、貨幣を何回投げる場合にも正しいとすれば、われわれはこの表を、

1								
	1							
8		1						
	7		1					
28		6		1				
	21		5		1			
56		15		4		1		
	35		10		3		1	
70		20		6		2		1
	35		10		3		1	
56		15		4		1		
	21		5		1			
28		6		1				
	7		1					
8		1						
	1							
1								

とどこまでもひろげて行くことができ、いままで考えてきた確率の計算に便利に使えることになります。

これが正しいかどうかを調べてみましょう。

これを調べるのには、まず右の図を、$\binom{n}{r}$という記号で書き直してみるのがよいと思います。それを実行しますと、

$\binom{8}{8}$

$\quad\binom{7}{7}$

$\binom{8}{7}\quad\binom{6}{6}$

$\quad\binom{7}{6}\quad\binom{5}{5}$

$\binom{8}{6}\quad\binom{6}{5}\quad\binom{4}{4}$

$\quad\binom{7}{5}\quad\binom{5}{4}\quad\binom{3}{3}$

$\binom{8}{5}\quad\binom{6}{4}\quad\binom{4}{3}\quad\binom{2}{2}$

$\quad\binom{7}{4}\quad\binom{5}{3}\quad\binom{3}{2}\quad\binom{1}{1}$

$\binom{8}{4}\quad\binom{6}{3}\quad\binom{4}{2}\quad\binom{2}{1}\quad 1$

$\quad\binom{7}{3}\quad\binom{5}{2}\quad\binom{3}{1}\quad\binom{1}{0}$

$\binom{8}{3}\quad\binom{6}{2}\quad\binom{4}{1}\quad\binom{2}{0}$

$\quad\binom{7}{2}\quad\binom{5}{1}\quad\binom{3}{0}$

$\binom{8}{2}\quad\binom{6}{1}\quad\binom{4}{0}$

$\quad\binom{7}{1}\quad\binom{5}{0}$

$\binom{8}{1}\quad\binom{6}{0}$

$\quad\binom{7}{0}$

$\binom{8}{0}$

となります。

したがって、まずこのどの縦の列も上下対称になっていることを一般に証明するには、

$$\binom{n}{r}=\binom{n}{n-r}$$

であることを証明すればよいわけです。

これはつぎのように考えて、一つも計算をしないで証明できます。

$\binom{n}{r}$ = n個の異なるものからr個のものを選ぶ選び方の数

= n個の異なるものから$n-r$個のものを除く除き方の数

= n個の異なるものから$n-r$個のものを選ぶ選び方の数

$=\binom{n}{n-r}$

つぎに、この図のなかのどの数も、その右上の数とその右下の数を加えたものに等しいことを証明するには、

$$\binom{n}{r}=\binom{n-1}{r}+\binom{n-1}{r-1}$$

であることを証明すればよいわけです。

なぜかといいますと、$\binom{n}{r}$の右上にあるのは$\binom{n-1}{r}$であり、右下にあるのは$\binom{n-1}{r-1}$であるからです。

これも、つぎのように考えて、一つも計算をしないで証明をすることができます。

$$\binom{n}{r} = \text{(特定のものを含まない選び方の数)}$$
$$+\ \text{(特定のものを含む選び方の数)}$$
$$= \text{(特定のものを除外した残りの } n-1 \text{ 個から } r \text{ 個のものを選ぶ選び方の数)}$$
$$+\ \text{(特定のものを除外した残りの } n-1 \text{ 個から } r-1 \text{ 個のものを選ぶ選び方の数)}$$
$$= \binom{n-1}{r} + \binom{n-1}{r-1}$$

以上のべた性質をもった前の図は、パスカルの三角形とよばれています。

このパスカルの三角形を根気よくできるだけ多く書いておきますと、計算にたいへん便利です。

事実われわれは前に、相当大きなパスカルの三角形を作ってありますが、これを使えば、つぎのような問題を解くことができます。

一枚の貨幣を八回投げるとき、ちょうど四回表のでる確率を求む。

この問題の答えは、前のパスカルの三角形から直ちに、

$$70\cdot\left(\frac{1}{2}\right)^8 = \frac{70}{256} = 0.273$$

であることがわかります。

一枚の貨幣を八回投げるのですから、表が出るか裏が出るかのチャンスが半々というのであれば、この八回の半分の四回表がでるというのはかなりありそうにも思えますが、実際には、ちょうど四回表がでる確率は〇・二七三とかなり小さな数です。

ではつぎの問題はいかがでしょう。

一枚の貨幣を八回投げるとき、表のでる回数が八回の半分の四回から一回以内狂う確率、すなわち、表が五回、または四回、または三回でる確率はいくらでしょう。

この問題の答えは、前のパスカルの三角形によりますと、

$$56\left(\frac{1}{2}\right)^8+70\left(\frac{1}{2}\right)^8+56\left(\frac{1}{2}\right)^8$$
$$=\frac{56}{256}+\frac{70}{256}+\frac{56}{256}$$
$$=\frac{182}{256}$$
$$=0.711$$

であることがわかります。

4　独立試行過程

われわれはいままで、一枚の貨幣を何回か投げる場合を考えてきました。このように何回でも繰り返すことのできる実験を試行とよぶことにします。

貨幣を投げる場合には、どの段階においても、一回の試行で表がでる確率と裏がでる確率は、それまでの結果に関係なくいつでもおのおの$\frac{1}{2}$でした。

このように、各段階でのおのおのの確率がいつも一定である試行を独立試行といいます。

さて、貨幣を一枚投げる場合には、結果は表か裏かのいずれかであって、その確率はいずれも$\frac{1}{2}$でした。

つぎにわれわれは、毎回の試行の結果が二つあって、その第一の結果がおこる確率はp、その第二の結果がおこる確率はqであるような独立試行の系列、すなわち、独立試行過程を考えてみることにします。

この場合、第一の結果を成功、第二の結果を失敗とよぶことにしますと、この試行を一回行なう場合に対しては、

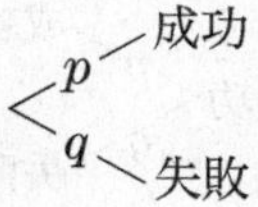

p ― 成功
q ― 失敗

という図を書くことができます。

また、この試行を二回行なう場合に対しては、

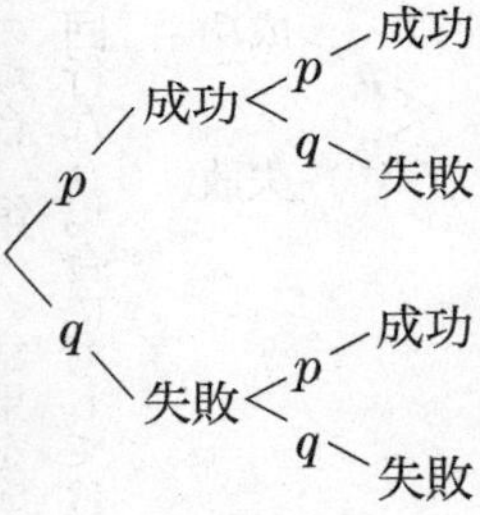

$$
\begin{array}{l}
\quad\quad\quad\quad\quad\quad\quad\quad\quad\ \ \ p \diagup \text{成功} \\
\quad\quad\quad\ \ \ \ \ \text{成功} < \\
\quad\quad\ \ p \diagup \quad\quad\quad\quad\ \ \ q \diagdown \text{失敗} \\
\ < \\
\quad\quad\ \ q \diagdown \quad\quad\quad\quad\ \ \ p \diagup \text{成功} \\
\quad\quad\quad\ \ \ \ \ \text{失敗} < \\
\quad\quad\quad\quad\quad\quad\quad\quad\quad\ \ \ q \diagdown \text{失敗}
\end{array}
$$

という図をかくことができます。この図からこの独立試行過程では、

ちょうど2回成功する確率：$\binom{2}{2}p^2$

ちょうど1回成功する確率：$\binom{2}{1}pq$

ちょうど0回成功する確率：$\binom{2}{0}q^2$

であることがわかります。

また、この試行を三回行なう場合に対しては、

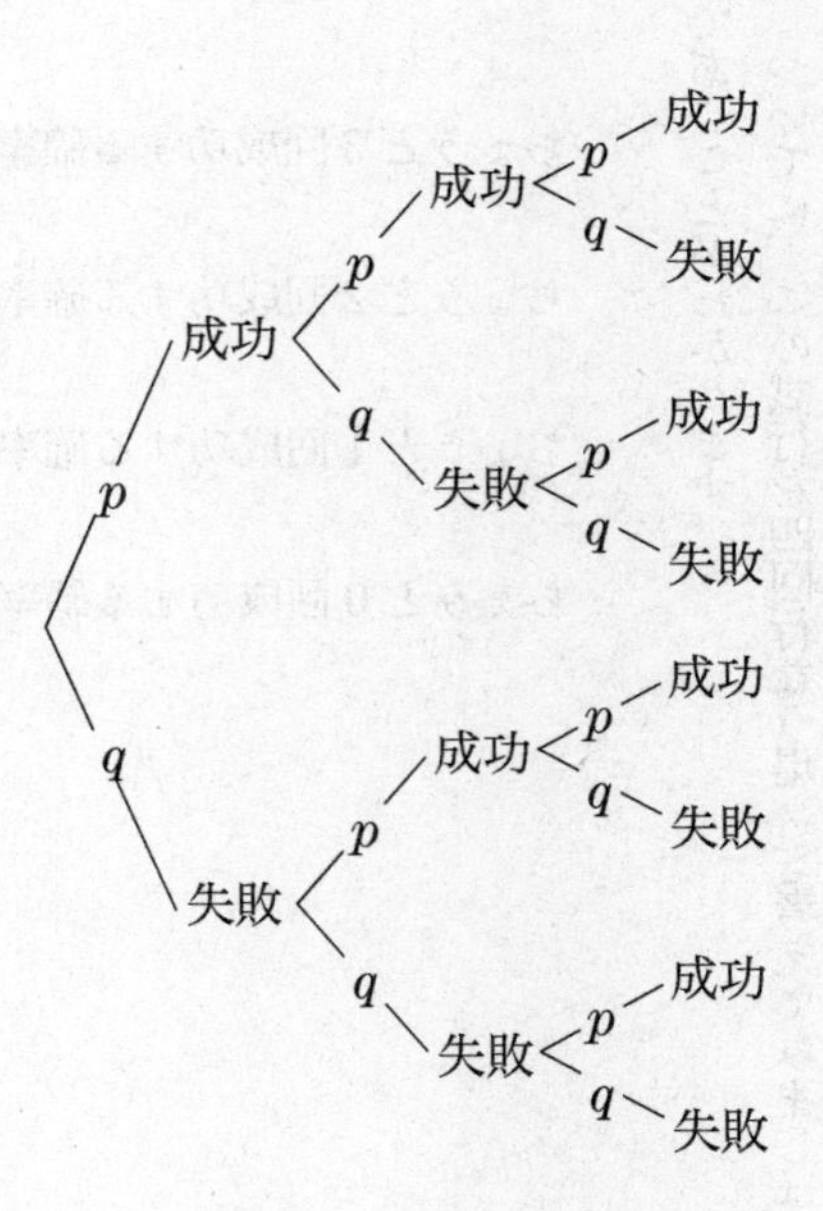

という図をかくことができます。

この図から、この独立試行過程では、

$$\text{ちょうど3回成功する確率}：\binom{3}{3}p^3$$

$$\text{ちょうど2回成功する確率}：\binom{3}{2}p^2q$$

$$\text{ちょうど1回成功する確率}：\binom{3}{1}pq^2$$

$$\text{ちょうど0回成功する確率}：\binom{3}{0}q^3$$

であることがわかります。

ついでに、この試行を四回行なう場合も考えてみましょう。この場合には、

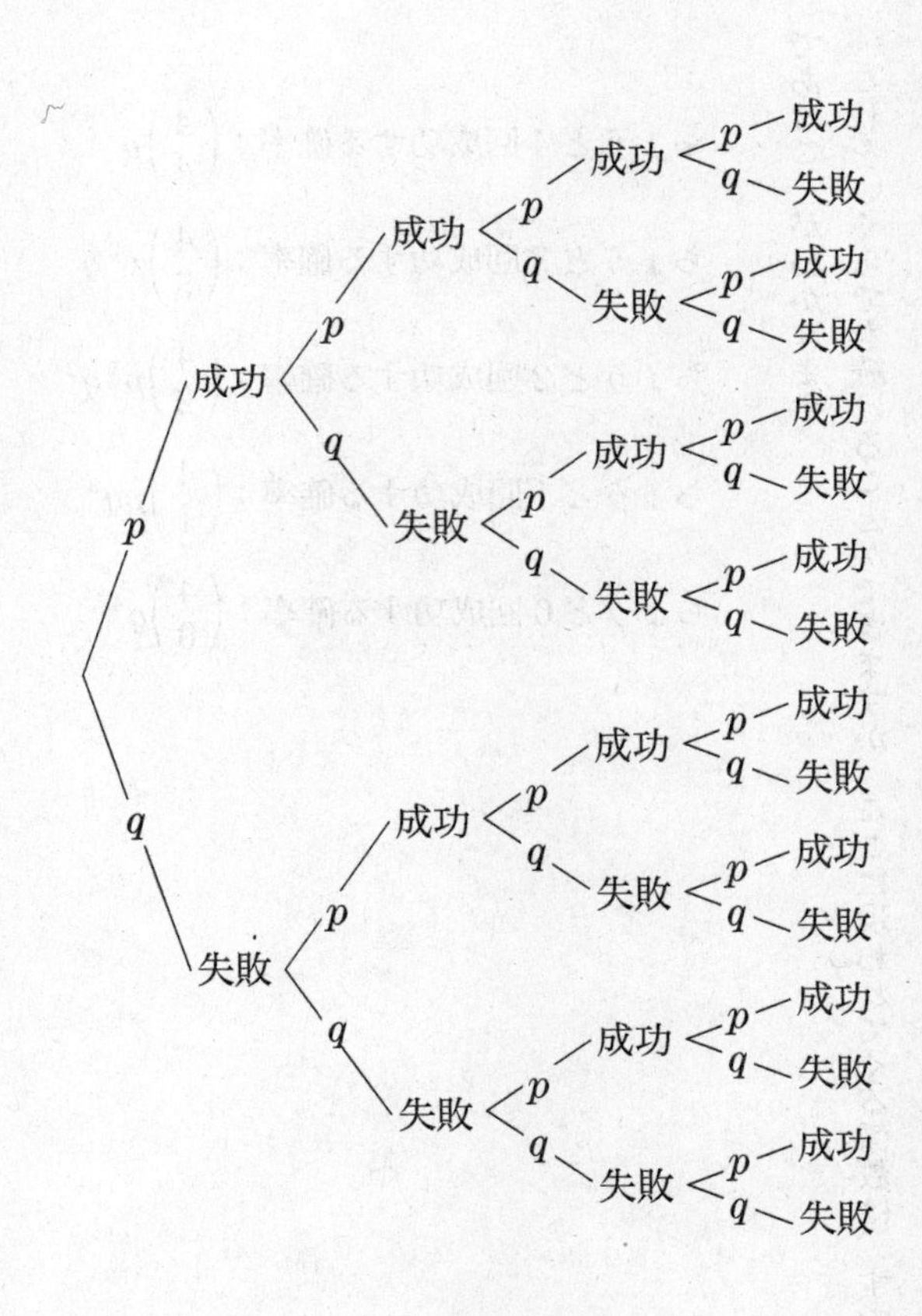

という図をかくことができます。

この図から、

ちょうど4回成功する確率：$\binom{4}{4}p^4$

ちょうど3回成功する確率：$\binom{4}{3}p^3q$

ちょうど2回成功する確率：$\binom{4}{2}p^2q^2$

ちょうど1回成功する確率：$\binom{4}{1}pq^3$

ちょうど0回成功する確率：$\binom{4}{0}q^4$

であることがわかります。

これをいくらでも続けることができますが、ここに現われてくる係数は、すでに考えてある$\binom{n}{r}$ですから、pとqが与えられれば、これらの確率を前と同じようにして計算できるわけです。

以上の結果をさらに一般にしてのべますとつぎのようになります。

二つの結果、成功と失敗をもち、成功の確率がp、失敗の確率がqの独立試行過程で、n回の試行でちょうどr回成功する確率は、

$$\binom{n}{r}p^r q^{n-r}$$

で与えられる。

5　大数の法則

われわれは前に、一枚の貨幣を六回投げる場合には、六回とも表がでる確率、ちょうど五回表がでる確率、ちょうど四回表がでる確率、……は、

$$1\cdot\left(\frac{1}{2}\right)^6$$
$$6\cdot\left(\frac{1}{2}\right)^6$$
$$15\cdot\left(\frac{1}{2}\right)^6$$
$$20\cdot\left(\frac{1}{2}\right)^6$$
$$15\cdot\left(\frac{1}{2}\right)^6$$
$$6\cdot\left(\frac{1}{2}\right)^6$$
$$1\cdot\left(\frac{1}{2}\right)^6$$

であるのを見ました。これは、ちょうど三回（これは投げる回数6の半分です）表がでる確率が一番大きいことを示しています。

われわれはまた、一枚の貨幣を七回投げる場合には、七回とも表がでる確率、ちょうど六回表がでる確率、ちょうど五回表がでる確率、……は、

$$1\cdot\left(\frac{1}{2}\right)^7$$
$$7\cdot\left(\frac{1}{2}\right)^7$$
$$21\cdot\left(\frac{1}{2}\right)^7$$
$$35\cdot\left(\frac{1}{2}\right)^7$$
$$35\cdot\left(\frac{1}{2}\right)^7$$
$$21\cdot\left(\frac{1}{2}\right)^7$$
$$7\cdot\left(\frac{1}{2}\right)^7$$
$$1\cdot\left(\frac{1}{2}\right)^7$$

であるのを見ました。これは、ちょうど四回表がでる確率とちょうど三回表がでる確率が一番大きいことを示しています。この4という数と3という数は、投げる回数7の半分$7/2$に最も近い整数です。

これら二つの例では、一枚の貨幣を何回か投げる場合には、全部表がでる確率、それより一回だけ少なく表のでる確率、それより二回だけ少なく表のでる確率、……は、次第に増加していって最大に達し（この最大は一つのことも二つのこともあります）、ついでこんどは減少していくことを示しています。

それならば、一枚の貨幣を投げるときのように表のでる確率が$\frac{1}{2}$、裏のでる確率が$\frac{1}{2}$という場合でなく、二つの結果をもった独立試行過程で、成功の確率がp、失敗の確率がqの場合にも、似たようなことがおこるでしょうか。

この場合、n回の試行で、n回とも成功する確率、それよりちょうど一回少なく成功する確率、それよりちょうど二回少なく成功する確率、……は、

$$\binom{n}{n}p^n$$

$$\binom{n}{n-1}p^{n-1}q$$

$$\binom{n}{n-2}p^{n-2}q^2$$

$$\cdots\cdots$$

$$\binom{n}{r+1}p^{r+1}q^{n-r-1}$$

$$\binom{n}{r}p^r q^{n-r}$$

$$\cdots\cdots$$

$$\binom{n}{2}p^2 q^{n-2}$$

$$\binom{n}{1}pq^{n-1}$$

$$\binom{n}{0}q^n$$

であることをわれわれは知っています。

この場合にも、これらの確率はだんだんと増加していって最大に達し、つぎにだんだんと減少していくかどうかを知るためには、ちょうどrプラス一回成功する確率と、ちょうどr回成功する確率との比をとってみるのがよいようです。すなわち、

$$\frac{\binom{n}{r+1}p^{r+1}q^{n-r-1}}{\binom{n}{r}p^{r}q^{n-r}}=\frac{(n-r)p}{(r+1)q}$$

です。この比がもし1より小さかったならば、分子より分母の方が大きいのですから、確率は増していることになります。

そのための条件を求めてみますと、

$$\frac{(n-r)p}{(r+1)q} < 1,$$
$$(n-r)p < (r+1)q,$$
$$np - q < (p+q)r,$$
$$np - q < r$$

です。

もし、ちょうど、rプラス一回成功する確率とちょうどr回成功する確率との比が1より大きかったならば、分子の方が分母より大きいのですから、確率は減少していることになります。

そのための条件を求めてみますと、

$$1 < \frac{(n-r)p}{(r+1)q},$$
$$(r+1)q < (n-r)p,$$
$$r(p+q) < np - q,$$
$$r < np - q$$

です。

これから、rが、

$$np - q$$

という数よりも大きい間は確率は増加していくが、rがこれより小さくなると確率は減少していくことがわかります。

現に、pとqがいずれも$\frac{1}{2}$で、nが6の場合の確率の表は、

$$\binom{6}{6}\cdot\left(\frac{1}{2}\right)^6 = 1\cdot\left(\frac{1}{2}\right)^6$$

$$\binom{6}{5}\cdot\left(\frac{1}{2}\right)^6 = 6\cdot\left(\frac{1}{2}\right)^6$$

$$\binom{6}{4}\cdot\left(\frac{1}{2}\right)^6 = 15\cdot\left(\frac{1}{2}\right)^6$$

$$\binom{6}{3}\cdot\left(\frac{1}{2}\right)^6 = 20\cdot\left(\frac{1}{2}\right)^6$$

$$\binom{6}{2}\cdot\left(\frac{1}{2}\right)^6 = 15\cdot\left(\frac{1}{2}\right)^6$$

$$\binom{6}{1}\cdot\left(\frac{1}{2}\right)^6 = 6\cdot\left(\frac{1}{2}\right)^6$$

$$\binom{6}{0}\cdot\left(\frac{1}{2}\right)^6 = 1\cdot\left(\frac{1}{2}\right)^6$$

でしたが、この場合には、rが、

$$\begin{aligned} & np - q \\ &= 6\cdot\frac{1}{2} - \frac{1}{2} \\ &= 2.5 \end{aligned}$$

より大きいとき、すなわちrが6、5、4、3である間は確率は増加しており、rが3のとき確率は最大になり、rが2.5より小さいとき、すなわちrが2、1、0のときには、確率は減少しています。

また、pとqがいずれも$\frac{1}{2}$で、nが7の場合の表は、

$$\binom{7}{7}\cdot\left(\frac{1}{2}\right)^7 = 1\cdot\left(\frac{1}{2}\right)^7$$

$$\binom{7}{6}\cdot\left(\frac{1}{2}\right)^7 = 7\cdot\left(\frac{1}{2}\right)^7$$

$$\binom{7}{5}\cdot\left(\frac{1}{2}\right)^7 = 21\cdot\left(\frac{1}{2}\right)^7$$

$$\binom{7}{4}\cdot\left(\frac{1}{2}\right)^7 = 35\cdot\left(\frac{1}{2}\right)^7$$

$$\binom{7}{3}\cdot\left(\frac{1}{2}\right)^7 = 35\cdot\left(\frac{1}{2}\right)^7$$

$$\binom{7}{2}\cdot\left(\frac{1}{2}\right)^7 = 21\cdot\left(\frac{1}{2}\right)^7$$

$$\binom{7}{1}\cdot\left(\frac{1}{2}\right)^7 = 7\cdot\left(\frac{1}{2}\right)^7$$

$$\binom{7}{0}\cdot\left(\frac{1}{2}\right)^7 = 1\cdot\left(\frac{1}{2}\right)^7$$

でしたが、この場合には、rが、

$$np - q = 7\cdot\frac{1}{2} - \frac{1}{2} = 3$$

より大きいとき、すなわちrが7、6、5、4である間は確率は増加しており、rが

4のときと3のときに確率は等しい最大値をとり、rが3より小さいとき、すなわちrが2、1、0のときには、確率は減少しています。

以上の例から、成功の確率がp、失敗の確率がqという一般の場合にも、

$$np - q$$

という数が整数でない場合と整数の場合とを分けた方がよいことがわかります。

すなわち、もしこの数が整数でない場合には、rがこの数より大きい限り確率は増加していくが、この数より大きく、これに最も近いrの値で確率は最大となり、rがこの数より小さい限り確率は減少していきます。

もしこの数が整数の場合には、rはこの数より大きい限り確率は増加していくが、rが、

$$np - q + 1,$$
$$np - q$$

のときに等しい最大値をとり、rがこの数よりも小さい限り確率は減少していきます。

以上の結果を一口でいいますと、成功の確率がp、失敗の確率がqの独立試行をn回くり返すとき、ちょうどr回成功する確率は、rが、

$$np$$

に最も近い整数値のとき最大になる。

となります。このnpは、成功の回数の期待値とよばれます。

しかしこれは、ちょうどr回成功する確率が、rがnpに最も近いときに最大になるというだけであって、その確率が非常に大きいという意味ではありません。

現に、一枚の貨幣を六回投げる場合、ちょうど三回表のでる確率は、

$$20 \cdot \left(\frac{1}{2}\right)^6 = 0.312$$

であって、これはそう大きいとはいえません。

また、一枚の貨幣を七回投げる場合、ちょうど四回表がでる確率、またはちょうど三回表がでる確率は、

$$35 \cdot \left(\frac{1}{2}\right)^7 = 0.273$$

であって、これは前より小さい確率です。

さて、成功の確率がpで、失敗の確率がqである独立試行をn回行なったとき、ちょうどr回成功したら、$\frac{r}{n}$のことを成功の割合ということにします。

$$p - \varepsilon < \frac{r}{n} < p + \varepsilon$$

このとき、成功の割合$\frac{r}{n}$と成功の確率pとの差がある一定の範囲内にある、す

なわち、0より大きいあるεに対して$-\varepsilon$と$+\varepsilon$の間にあるということは、前ページの式で表わされます。

したがってこの式がなり立つための確率は左の記号で表わされます。

$$\Pr\left[p-\varepsilon<\frac{r}{n}<p+\varepsilon\right]$$

この記号で表わされる確率を見出だすためには、この括弧内の不等式を満足するすべてのrに対して、

$$\binom{n}{r}p^r q^{n-r}$$

の値をすべて加え合わせればよいわけです。

これを実行することはなかなか大へんですが、しかし、考えている確率に対して左の不等式が成り立つことが証明されています。

$$1-\frac{pq}{n\varepsilon^2} \leqq \Pr\left[p-\varepsilon<\frac{r}{n}<p+\varepsilon\right]$$

この不等式はつぎのことをわれわれに言っています。

成功の確率 p、失敗の確率 q、それにどんなに小さくても、とにかく正の数 ε が与えられているとすれば、試行の回数 n さえ大きくすれば、成功の割合 r/n が成功の確率 p と ε とはちがわない確率を、どんなにでも1に近くすることができる。

このことは大数の法則とよばれています。

さて、ここでちょっと計算をしてみます。前ページの不等式で、

$\varepsilon = k\sqrt{\dfrac{pq}{n}}$ とおけば

$$1-\frac{1}{k^2} \leqq \Pr\left[p-k\sqrt{\frac{pq}{n}}<\frac{r}{n}<p+k\sqrt{\frac{pq}{n}}\right]$$

したがって

$$1-\frac{1}{k^2} \leqq \Pr\left[np-k\sqrt{npq}<r<np+k\sqrt{npq}\right]$$

または

$$1-\frac{1}{k^2} \leqq \Pr\left[-k\sqrt{npq}<r-np<k\sqrt{npq}\right]$$

ここに現われる、

$$np$$

は、成功の回数に対する期待値です。
ここに現われる、

$$\sqrt{npq}$$

は、成功の回数に対する標準偏差とよばれます。
前に得た不等式は左のようにも書き直せます。

$$1-\Pr[-k\sqrt{npq}<r-np<k\sqrt{npq}]\leqq\frac{1}{k^2}$$

この式は、成功の回数rが成功の期待値npから、標準偏差のk倍以上離れる確率は、

$\frac{1}{k^2}$より小さいかまたはこれに等しいことを示しています。$\frac{1}{k^2}$はkが大きければ大きいほど小さいわけですから、成功回数rと期待値npの差が、標準偏差のk倍以上になる確率は、kが大きければ大きいほど小さいということがわかります。

さて、nの十分大きな値に対しては、

$$\Pr[-\sqrt{npq} < r - np < \sqrt{npq}] \fallingdotseq 0.683,$$
$$\Pr[-2\sqrt{npq} < r - np < 2\sqrt{npq}] \fallingdotseq 0.956,$$
$$\Pr[-3\sqrt{npq} < r - np < 3\sqrt{npq}] \fallingdotseq 0.997$$

であることが示されます。

これらの式の意味を例で示してみますとつぎの通りです。

一枚の貨幣を一万回投げる場合を考えますと、この場合には、

$$p = \frac{1}{2}, \quad q = \frac{1}{2}, \quad n = 10{,}000$$

です。したがって表のでる回数の期待値は、

$$np = 5{,}000$$

で、表のでる回数に対する標準偏差は、

$$\sqrt{npq} = \sqrt{2{,}500} = 50$$

です。

したがって、表のでる回数が、期待値の五〇〇〇から標準偏差五〇以上ちがわない確率、すなわち、表のでる回数が四九五〇と五〇五〇の間にある確率は〇・六八三です。

また、表のでる回数が、期待値五〇〇〇から標準偏差五〇の二倍、一〇〇以上ちがわない確率、すなわち、四九〇〇と五一〇〇の間にある確率は〇・九五六です。

また、表のでる回数が、期待値五〇〇〇から標準偏差五〇の三倍、一五〇以上ちがわない確率、すなわち四八五〇と五一五〇の間にある確率は〇・九九七です。

したがって、ほとんど確実にこの第三の場合がおこるということができましょう。

本書は一九六九年一一月に講談社より刊行されました。

本書中、酋長や土人といった、今日の人権擁護の見地に照らして不適切とみられる表現がありますが、著者が故人であること、発表当時の社会背景に鑑み、原本のままとしました。

（編集部）

確率(かくりつ)のはなし

矢野健太郎(やのけんたろう)

平成31年 1月25日　初版発行
令和6年 10月25日　3版発行

発行者●山下直久

発行●株式会社KADOKAWA
〒102-8177　東京都千代田区富士見2-13-3
電話　0570-002-301（ナビダイヤル）

角川文庫 21426

印刷所●株式会社KADOKAWA
製本所●株式会社KADOKAWA

表紙画●和田三造

ISBN 978-4-04-400461-3　C0141

角川文庫発刊に際して

角川源義

第二次世界大戦の敗北は、軍事力の敗北であった以上に、私たちの若い文化力の敗退であった。私たちの文化が戦争に対して如何に無力であり、単なるあだ花に過ぎなかったかを、私たちは身を以て体験し痛感した。西洋近代文化の摂取にとって、明治以後八十年の歳月は決して短かすぎたとは言えない。にもかかわらず、近代文化の伝統を確立し、自由な批判と柔軟な良識に富む文化層として自らを形成することに私たちは失敗して来た。そしてこれは、各層への文化の普及滲透を任務とする出版人の責任でもあった。

一九四五年以来、私たちは再び振出しに戻り、第一歩から踏み出すことを余儀なくされた。これは大きな不幸ではあるが、反面、これまでの混沌・未熟・歪曲の中にあった我が国の文化に秩序と確たる基礎を齎らすためには絶好の機会でもある。角川書店は、このような祖国の文化的危機にあたり、微力をも顧みず再建の礎石たるべき抱負と決意とをもって出発したが、ここに創立以来の念願を果すべく角川文庫を発刊する。これまで刊行されたあらゆる全集叢書文庫類の長所と短所とを検討し、古今東西の不朽の典籍を、良心的編集のもとに、廉価に、そして書架にふさわしい美本として、多くのひとびとに提供しようとする。しかし私たちは徒らに百科全書的な知識のジレッタントを作ることを目的とせず、あくまで祖国の文化に秩序と再建への道を示し、この文庫を角川書店の栄ある事業として、今後永久に継続発展せしめ、学芸と教養との殿堂として大成せんことを期したい。多くの読書子の愛情ある忠言と支持とによって、この希望と抱負とを完遂せしめられんことを願う。

一九四九年五月三日

角川ソフィア文庫ベストセラー